Chedia Aouadhi

Germination et inactivation des spores de Bacillus sporothermodurans

Chedia Aouadhi

Germination et inactivation des spores de Bacillus sporothermodurans

Développement et optimisation d'un procédé pour la destruction des spores thermorésistantes contaminant le lait

Presses Académiques Francophones

Impressum / Mentions légales
Bibliografische Information der Deutschen Nationalbibliothek: Die Deutsche Nationalbibliothek verzeichnet diese Publikation in der Deutschen Nationalbibliografie; detaillierte bibliografische Daten sind im Internet über http://dnb.d-nb.de abrufbar.
Alle in diesem Buch genannten Marken und Produktnamen unterliegen warenzeichen-, marken- oder patentrechtlichem Schutz bzw. sind Warenzeichen oder eingetragene Warenzeichen der jeweiligen Inhaber. Die Wiedergabe von Marken, Produktnamen, Gebrauchsnamen, Handelsnamen, Warenbezeichnungen u.s.w. in diesem Werk berechtigt auch ohne besondere Kennzeichnung nicht zu der Annahme, dass solche Namen im Sinne der Warenzeichen- und Markenschutzgesetzgebung als frei zu betrachten wären und daher von jedermann benutzt werden dürften.

Information bibliographique publiée par la Deutsche Nationalbibliothek: La Deutsche Nationalbibliothek inscrit cette publication à la Deutsche Nationalbibliografie; des données bibliographiques détaillées sont disponibles sur internet à l'adresse http://dnb.d-nb.de.
Toutes marques et noms de produits mentionnés dans ce livre demeurent sous la protection des marques, des marques déposées et des brevets, et sont des marques ou des marques déposées de leurs détenteurs respectifs. L'utilisation des marques, noms de produits, noms communs, noms commerciaux, descriptions de produits, etc, même sans qu'ils soient mentionnés de façon particulière dans ce livre ne signifie en aucune façon que ces noms peuvent être utilisés sans restriction à l'égard de la législation pour la protection des marques et des marques déposées et pourraient donc être utilisés par quiconque.

Coverbild / Photo de couverture: www.ingimage.com

Verlag / Editeur:
Presses Académiques Francophones
ist ein Imprint der / est une marque déposée de
OmniScriptum GmbH & Co. KG
Heinrich-Böcking-Str. 6-8, 66121 Saarbrücken, Deutschland / Allemagne
Email: info@presses-academiques.com

Herstellung: siehe letzte Seite /
Impression: voir la dernière page
ISBN: 978-3-8416-2486-4

Zugl. / Agréé par: Tunis, Institut National Agronomique de Tunisie, 2013

Copyright / Droit d'auteur © 2015 OmniScriptum GmbH & Co. KG
Alle Rechte vorbehalten. / Tous droits réservés. Saarbrücken 2015

Sommaire

Sommaire..	1
Liste des tableaux...	5
Liste des figures..	6
Liste des abréviations	9
Résumé..	10
Abstract...	11
Introduction	12
Chapitre I. Synthèse bibliographique..	14
I. Spores bactériennes..	15
1. Processus de sporulation	15
2. Résistance des spores...	18
2. 1. Thermo-résistance des spores...	18
2. 1. 1. Effet du pH...	18
2. 1. 2. Effet de l'activité de l'eau...	19
2. 1. 3. Effet de la composition du milieu...	19
2. 1. 4. Effet de la température de sporulation..	19
2. 2. Résistance des spores au vieillissement..	20
2. 3. Résistance des spores aux radiations..	20
3. Structures impliquées dans la résistance des spores....................................	20
4. Mécanismes de la destruction des spores...	21
II. Germination et inactivation des spores bactériennes..................................	22
1. Germination des spores..	22
1. 1. Germination des spores par les éléments nutritifs....................................	23
1. 2. Germination des spores par les produits chimiques.................................	26
1. 3. Germination des spores par la pression hydrostatique.............................	26
2. Inactivation des spores bactériennes..	28
2. 1. Inactivation des spores par les antimicrobiens...	30
2. 1. 1. Mode d'action de la nisine..	30
2. 1. 2. Combinaison de la nisine avec d'autres traitements.............................	32

2. 1. 2. 1. Utilisation de la nisine en combinaison avec le traitement thermique...................... 32
2. 1. 2. 2. Utilisation de la nisine en combinaison avec la pression hydrostatique 33
2. 1. 2. 3. Utilisation de la nisine en combinaison avec les antimicrobiens........................... 34
2. 2. Inactivation des spores par des traitements non thermiques... 35
2. 2. 1. Effet de la pression hydrostatique sur les matrices alimentaires............................. 35
2. 2. 2. Effet de la pressions sur les micro-organismes... 36
2. 2. 3. Effet de la pression sur les spores.. 37
2. 2. 4. 1. Facteurs affectant la sensibilité des bactéries à la pression hydrostatique................ 38
2. 2. 4. 2. Effet de la température... 38
2. 2. 4. 3. Effet de la composition du milieu.. 40
2. 2. 4. 4. Effet du pH.. 40
2. 2. 4. 5. Effet des additifs alimentaires.. 41
III. Bactéries aérobies sporulées thermorésistantes contaminant le lait........................ 42
1. Microbiologie de différents types du lait.. 42
1. 1. Lait cru.. 42
1. 2. Lait pasteurisé.. 43
1. 3. Lait stérilisé.. 44
2. Bactéries thermorésistantes 44
2. 1. Contamination du lait UHT et du lait stérilisé.. 44
2. 2. *Bacillus sporothermodurans*.. 45
2. 2. 1. Origines de contamination du lait par *Bacillus sporothermodurans*...................... 45
2. 2. 2. Isolement et identification de *Bacillus sporothermodurans*............................... 46
2. 2. 3. Pouvoir pathogène de *Bacillus sporothermodurans*.. 47
2. 2. 4. Spores de *Bacillus sporothermodurans*.. 48
2. 3. Autres bactéries thermorésistantes.. 49

Chapitre II. Etude de la germination de spore de *Bacillus sporothermodurans* 50
Introduction.. 51
Matériel & méthodes.. 51
1. Souche utilisée et préparation de spore 51
2. Germination des spores par les éléments nutritifs... 52
2. 1. Essai de germination des spores en présence des éléments nutritifs....................... 52
2. 2. Effet de facteurs physico-chimiques sur la germination des spores........................ 53

2. 3. Optimisation de la germination induite par les éléments nutritifs moyennant un plan d'expérience.... 53
2. 3. 1. Généralité sur le plan d'expérience 53
2. 3. 1. 1. Définition du plan d'expérience... 53
2. 3. 1. 2. Analyses statistiques et graphiques.. 55
2. 3. 1. 3. Méthodologie des surfaces de réponses... 55
2. 3. 2. Plan d'expérience incluant le L-alanine, le D-glucose et la température.................... 55
3. Germination des spores par la pression hydrostatique 57
3. 1. Caractéristiques du pilote hautes pressions... 57
3. 2. Tests préliminaires sur la germination des spores par la pression................................. 58
3. 3. Dénombrements des spores et des cellules totales.. 60
3. 4. Optimisation de la germination des spores par la pression hydrostatique....................... 60
Résultats & discussion... 61
I. Etude de la germination des spores induite par les éléments nutritifs....................... 61
1. Effet des éléments nutritifs sur la germination des spores...................................... 61
1. 1. Essai de germination des spores en présence de certains composés nutritifs................. 61
1. 2. Utilisation de L-alanine comme un co-germinant avec d'autres acides aminés............... 64
1. 3. Utilisation d'inosine comme un co-germinant avec les acides aminés........................... 65
1. 4. Utilisation de D-glucose comme un co-germinant avec les acides aminés..................... 66
2. Effet des facteurs physico-chimiques sur la germination des spores......................... 66
3. Optimisation de la germination des spores induite par les éléments nutritifs............. 69
3. 1. Analyse statistique et validation du modèle... 69
3. 2. Conditions optimales de germination des spores par les éléments nutritifs..................... 70
II. Etude de la germination des spores induite par la pression hydrostatique................ 72
1. Effet de la pression sur la germination des spores.. 72
2. Effet de la durée du traitement, de la température, du temps et de la température d'incubation post-pressurisation sur le taux de germination.. 74
3. Optimisation de germination des spores induite par la pression hydrostatique.............. 77
3. 1. Analyse statistique et validation du modèle... 77
3. 2. Conditions optimales de la germination des spores induite par la pression.................... 78
Conclusion.. 83

Chapitre III. Inactivation des spores de *Bacillus sporothermodurans* par la pression hydrostatique... 84
Introduction... 85
Matériel & méthodes.. 85
1. Souche bactérienne utilisée 85
2. Tests préliminaires sur l'inactivation des spores par la pression hydrostatique........ 86
3. Effet de la nisine sur les spores 86
4. Inactivation des spores par la pression moyennant un plan d'expérience................ 86
Résultats & discussion... 88
1. Effet de la pression sur l'inactivation des spores.. 88
2. Effet de la durée du traitement et de la température sur l'inactivation des spores par la pression... 88
3. Inactivation des spores de *B. sporothermodurans* par la pression et la température......... 89
3. 1. Modèle prédictif de réponse et sa validation.. 89
3. 2. Optimisation du processus d'inactivation des spores par la pression et la température......... 91
4. Inactivation des spores de *B. sporothermodurans* par la pression et la nisine................... 97
4. 1. Effet de la nisine sur les spores... 97
4. 2. Effet de la nisine et de la température sur l'inactivation des spores par la pression............. 98
4. 2. 1. Modèle prédictif de réponse et sa validation 98
4. 2. 1. Détermination des conditions optimales d'inactivation des spores 99
Conclusion... 103
Conclusion générale 105
Bibliographie... 108

Liste des tableaux

Tableau 1 : Germination de spores de certaines espèces bactériennes sporulantes en présence des éléments nutritifs... 25

Tableau 2 : Conditions de germination de spores de certaines espèces bactériennes sporulantes par la pression hydrostatique 27

Tableau 3 : Synthèse sur différents traitements et antimicrobiens utilisés pour inactiver les spores bactériennes dans le lait... 29

Tableau 4 : Plans des essais expérimentaux pour trois variables selon le plan composite centré. 41

Tableau 5 : Domaine expérimental du plan d'expérience composite centré........................ 43

Tableau 6 : Plan d'expérience composite centré à trois facteurs (L-alanine, D-glucose et température) 43

Tableau 7 : Résumé des conditions du traitement de spores sous pression........................... 59

Tableau 8 : Domaine expérimental du plan d'expérience composite centré 60

Tableau 9: Plans des essais expérimentaux pour trois variables (pression, temps de pressurisation et temps d incubation après traitement) selon le plan composite centré............ 61

Tableau 10 : Effet des facteurs physico-chimiques sur la germination des spores de *B. sporothermodurans* LTIS27 en présence de D-glucose or L-alanine or d'inosine.................... 68

Tableau 11 : Résumé des conditions du traitement sous pression de spores de *B. sporothermodurans* LTIS27... 86

Tableau 12 : Domaine expérimental du plan d'expérience composite centré......................... 87

Tableau 13 : Plans des essais expérimentaux pour trois variables (pression, température et durée du traitement (a) et pression, température et nisine (b)) selon le plan composite centré............ 87

Liste des figures

Figure 1 : Observation microscopique d'une spore de *Bacillus sporothermodurans*.................. 16

Figure 2 : Cycle de sporulation de *Bacillus subtilis* 17

Figure 3 : Modèle de réaction et d'interaction de germination des spores en présence des éléments nutritifs et non nutritifs... 22

Figure 4 : Principales étapes de processus de germination des spores de *Bacillus*.................... 24

Figure 5 : Mode d'action de la nisine 31

Figure 6 : Mécanismes hypothétiques de l'inactivation des spores par la pression hydrostatique et la température 39

Figure 7 : Courbe thermique des courbes de spores de *G. stearothermophilus* (Δ) et de *B. sporothermodurans* J16B (▲).. 48

Figure 8 : Pilote d'haute pression conçu par les ACB de Nantes.. 58

Figure 9. Schéma des conditions du traitement hautes pressions... 58

Figure 10 : Courbe d'évolution de la température à l'intérieur de l'enceinte réalisée pour une mise sous pression (à 500 MPa pendant 5 min à 30 °C) puis une détente............................. 59

Figure 11 : Effet des différentes concentrations d'inosine, de sucres et des certains acides animés sur la germination de spores de *B. sporothermodurans* LTIS27............................. 53

Figure 12 : Synthèse sur la germination des spores de *B. sporothermodurans* LTIS27 en présence des éléments nutritifs... 54

Figure 13 : Germination des spores de *B. sporothermodurans* LTIS27 en présence de certains acides aminés en utilisant le L-alanine comme un co-germinant... 54

Figure 14 : Germination des spores de *B. sporothermodurans* LTIS27 en présence de certains acides aminés en utilisant l'inosine comme un co-germinant.. 66

Figure 15 : Comparaison des valeurs prédites et celles expérimentales des expériences de vérification du modèle de la germination des spores induite par les éléments nutritifs............... 69

Figure 16 : Courbes d'isoréponses et graphiques des surfaces de réponses montrant l'effet de L-alanine et de D-glucose (a), de L-alanine et de la température (b) et de D-glucose et de la température (c) sur la germination des spores de *B. sporothermodurans* LTIS27. 71

Figure 17 : Effet de la pression (de 50 à 600 MPa) à 20°C pendant 5 min sur la germination des spores de *B. sporothermodurans* LTIS27 dans l'eau distillée... 73

Figure 18: Effet de la durée du traitement sous pression (200 MPa à 20 °C) sur la germination des spores de *B. sporothermodurans* LTIS27 dans l'eau distillée 75

Figure 19 : Effet de la température sur la germination des spores de *B. sporothermodurans* LTIS27 induite par la pression (200 MPa pendant 5 min) dans l'eau distillée...................... 76

Figure 20 : Effet du temps d'incubation, à 4 ou 37 °C, après traitement sous pression à 200 MPa à 20 °C pendant 5 min sur la germination des spores de *B. sporothermodurans* LTIS27 dans l'eau distillée... 77

Figure 21 : Comparaison de valeurs prédites et celles expérimentales des expériences de vérification du modèle de la germination des spores induite par la pression dans l'eau distillée (a) et le lait (b).. 78

Figure 22 : Courbes d'isoréponses et graphiques des surfaces de réponses montrant les effets de la pression et de la durée du traitement (a), de la pression et de la durée d'incubation après traitement (b) et de la durée du traitement et du temps d'incubation après traitement (c) sur la germination des spores de *B. sporothermodurans* LTIS27 dans l'eau distillée. 80

Figure 23 : Courbes d'isoréponses et graphiques des surfaces de réponses montrant les effets de la pression et de la durée du traitement (a), de la pression et de la durée d'incubation après traitement (b) et de la durée du traitement et du temps d'incubation après traitement (c) sur la germination des spores de *B. sporothermodurans* LTIS27 dans le lait................................ 81

Figure 24 : Effet de la température (a) et de la durée du traitement (b) sur l'inactivation des spores de *B. sporothermodurans* LTIS27 induite par la pression hydrostatique (600 MPa/5 min et 600 MPa/20°C respectivement) dans l'eau distillée... 89

Figure 25 : Comparaison des valeurs expérimentales et celles prédites de dix expériences de validation du modéle d'inactivation de spores de *B. sporothermodurans* LTIS27 par la pression et la température dans l'eau distillée (a) et dans le lait (b)... 90

Figure 26 : Courbes d'isoréponses et graphiques des surfaces de réponses montrant l'effet de la pression et de la température (a), de la pression et de la durée du traitement (b) et de la température et de la durée du traitement (c) sur l'inactivation des spores de *B. sporothermodurans* LTIS27 dans le lait. 92

Figure 27 : Courbes d'isoréponses et graphiques des surfaces de réponses montrant l'effet de la pression et de la température (a), de la pression et de la durée du traitement (b) et de la température et de la durée du traitement (c) sur l'inactivation des spores de *B. sporothermodurans* LTIS27 dans l'eau distillée. 93

Figure 28 : Effet des différentes concentrations de la nisine sur l'inactivation des spores de *B. sporothermodurans* LTIS27 (5×10^7 spores/ml)... 98

Figure 29 : Comparaison des valeurs prédites et celles expérimentales de dix expériences de validation du modèle de l'inactivation des spores de *B. sporothermodurans* LTIS27 par la pression, la température et la nisine.. 99

Figure 30 : Courbes d'isoréponses et graphiques des surfaces de réponses montrant l'effet de la pression et de la température (a), de la pression et de la concentration de la nisine (b) et de la température et de la concentration de la nisine (c) sur l'inactivation des spores de *B. sporothermodurans* LTIS27.. 100

Abréviations

AAID : Réponse des acides aminés dépendante d'inosine
ACB: Ateliers et Chantiers de Bretagne
AGFP : L-asparagine, D-glucose, D-fructose et des ions potassium
ANOVA : Analyse da la variance
ATP : Adénosine-5'-triphosphate
a_w : Activité de l'eau
***B.** Bacillus*
BET: Bromure d'éthidium
BHI: Brain Heart Infusion
***C.** Clostridium*
DO: Densité optique
D : valeur de réduction décimale
dNTP: Désoxyribonucléoside triphosphate
DPA : Acide dipicolinique
DPA-Ca^{2+}: Diplicolinate de sodium
***E.** Escherichia*
EC : European Community
EDTA: Acide éthylène diamine tétra-acétique
G : *Geobacillus*
GRAS : Generally Recognized As Safe
HP : Pression hydrostatique
HRS: Heat Resistant Spore Former
Kb: kilobase (1Kb = 10^3 pb)
L : *Listeria*

LPS : Lipopolysaccharide
MPa : Méga Pascal
MSR : Méthodologie des surfaces de réponses
***P :** Paenibacillus*
p : Valeur de probabilité
pb: paire de base
PCC : Plan Composite Centré
PCR: Polymérase Chain Réaction
pH : Potentiel d'hydrogène
SASP: Petites protéines solubles dans l'acide dipicolinique
SB : Sorbate de potassium
SDS: Sodium Dodecyl Sulfate
R^2: Coefficient de correlation
REP-PCR: Repetitive Extragenetic Palindromic amplification
TBE: Tris-Borate-EDTA
TE: Tampon d'élution
TEM : Microscopie Electronique à transmission
UHT: Ultra High Temperature
UI : Unité Internationale
UV: Ultra Violet
Z : Valeur d'inactivation thermique

Résumé

Les bactéries aérobies sporulées du genre *Bacillus* font partie de la flore contaminant du lait cru. Elles sont responsables de la détérioration de la qualité du lait et de ses produits. Le traitement UHT devrait inactiver même les spores des espèces de *Bacillus* pour aboutir à un produit laitier avec une longue durée de conservation sans réfrigération. Cependant, un problème concernant la stabilité du lait UHT a été rapporté. Cette dernière a semblé être causée par la présence des spores bactériennes très résistantes au traitement UHT, appartenant à l'espèce *Bacillus sporothermodurans*. Il est donc devenu nécessaire de développer et d'optimiser un procédé performant, pratique et extrapolable à l'échelle industrielle pour la destruction de spores bactériennes très thermorésistantes de *B. sporothermodurans*. Pour cela, nous nous sommes intéressés à étudier l'effet des traitements non-thermiques, à savoir la pression hydrostatique et les produits antimicrobiens, seuls ou en combinaison sur la viabilité et la germination des spores de *B. sporothermodurans*.

En étudiant la germination des spores, nous avons réussi à mettre au point un nouveau milieu de culture spécifique à la germination de ces bactéries. En effet, une germination optimale, provoquée par les éléments nutritifs, a été obtenue après incubation des spores, pendant 60 min à 35°C, en présence du 9 mM de D-glucose et 60 mM de L-alanine. Les germinants spécifiques de spores de *B. sporothermodurans* LTIS27 sont le L-alanine, l'inosine et le D-glucose. En outre, la germination des spores est induite à des faibles niveaux de pressions (entre 100 et 200 MPa) montrant qu'il n'y a probablement qu'un seul mécanisme de germination par la pression. Le taux de germination était supérieur et augmentait plus rapidement dans le lait que dans l'eau distillée. Une germination optimale provoquée par la pression hydrostatique a été obtenue après un traitement de 163MPa pendant 25 min à 20°C et après une incubation post-pressurisation de 90 min dans l'eau distillée et un traitement de 147 MPa pendant 20 min à 20°C et après une incubation post-pressurisation de 55 min dans le lait. En ce qui concerne l'inactivation, une réduction de 5log du nombre initial des spores de *B. sporothermodurans* LTIS27 a été obtenue dans les conditions de 477 MPa/48°C pendant 26 min dans l'eau distillée ou 495 MPa/49°C pendant 30 min dans le lait ou 472 MPa/53°C pendant 5 min en présence de la nisine (121 UI/ml). Contrairement à la germination, l'inactivation des spores était plus importante dans l'eau distillée que dans le lait.

Ainsi, les résultats obtenus sont d'importance à la fois scientifique et technologique. Ils mettent en évidence le potentiel d'utilisation de la pression hydrostatique soit dans le but de provoquer la germination de la presque totalité de spores fortement thermorésistantes dans le lait avant un traitement thermique ultérieur, soit dans le but d'inactiver directement les spores grâce à un traitement thermique combiné ou en présence de la nisine. Nous montrons aussi l'efficacité de l'utilisation de la méthodologie de surface de réponses pour optimiser la germination et l'inactivation des spores.

Mots clés : *Bacillus sporothermodurans*, inactivation, germination, haute pression, spores.

Abstract

Aerobic spore-forming bacteria of the genus *Bacillus* are often present in raw milk and play an important role in the spoilage of milk and milk products. The use of ultrahigh-temperature (UHT) processing should inactivate the spores of *Bacillus* species and result in fluid milk products with a long shelf-life without refrigeration. However, defects in UHT-milk product stability have been reported. This non-sterility appeared to be caused by the presence of highly heat-resistant bacterial endospores (HRS). They were found to belong to the species *Bacillus sporothermodurans*. It thus became necessary to develop more efficient processes to inactivate HRS completely and ensure milk sterility. For this purpose, we are interested to study the germination and inactivation of *B. sporothermodurans* spores by non-thermal methods.

By studying the spore germination, we have shown that specific germinant of *B. sporothermodurans* spores are the L-alanine, inosine and D-glucose and the optimal rate of nutrient-induced germination (100%) was obtained after incubation of spore for 60 min at 35°C in presence of 9 and 60 mM of D-glucose and L-alanine, respectively. In addition, germination was induced at lower pressure (100-200 MPa) showing that the germination of *B. sporothermodurans* spores is induced by only one mechanism. The germination rate was faster and increased in milk than in distilled water. Optimal pressure-induced germination was obtained after treatment at 163 MPa for 25 min with a post-pressurization incubation of 90 min in distilled water, and 147 MPa for 20 min with a post-pressurization incubation of 55 min in milk. Concerning inactivation spore, the optimum process parameter values for a 5 log-cycle reduction of *B. sporothermodurans* spores were calculated as 477 MPa/48 °C for 26 min in distilled water or 495 MPa/49°C for 30 min in milk or 472 MPa /53° C for 5 min in the presence of nisin (121 IU / ml). Contrary to the germination, the inactivation was shown to be higher in distilled water than in milk.

The obtained results are interesting both from scientific and application perspectives. They showed the potential of using high hydrostatic pressure to induce the germination of *B. sporothermodurans* spores in milk before a heat treatment, either in order to inactivate spores directly through a combined heat treatment or in the presence of nisin. Moreover, the RSM method was efficient in the optimization of germination and inactivation process.

Keywords: *Bacillus sporothermodurans*, inactivation, germination, hydrostatic pressure, spores.

Introduction générale

La présence des spores fortement thermorésistantes (HRS : Heat Resistant Sporogenes) de *Bacillus sporothermodurans* dans le lait stérilisé UHT ou le lait stérilisé classique est actuellement un problème important de l'industrie laitière. Ces bactéries ne sont pas pathogènes mais affectent les caractéristiques organoleptiques du lait (couleur, saveur et odeur) lorsqu'elles germent et se multiplient à un maximum d'environ 10^5 UFC/ml du lait au cours du stockage à 37°C pendant 5 jours. En leur présence, un traitement UHT classique ne permet donc pas l'obtention de la stérilité commerciale exigée pour ces produits. Ces spores ont été détectées pour la première fois dans le lait UHT, en 1988, en Europe (Allemagne). Actuellement, ce problème est répandu dans d'autres pays européens. En Tunisie, les premières contaminations des laits stérilisés UHT ont été mises en évidence en 1999.

Bien que l'incidence et la caractérisation de l'espèce de *B. sporothermodurans* ont été bien étudiées, aucune étude ne s'intéressée à l'inactivation des ces microorganismes. En effet, les méthodes utilisées actuellement pour la conservation des produits laitiers ne sont souvent pas suffisantes pour la destruction de la totalité des spores potentiellement présentes. Devant la contrainte d'altérer la qualité organoleptique et nutritionnelle du lait par une augmentation de la température et/ou de la durée du traitement, afin d'inactiver les spores fortement thermorésistantes, il est donc devenu indispensable de chercher à développer d'autre procédés plus efficaces pour inactiver complètement ces spores sans modifier les caractéristiques organoleptiques du produit. L'utilisation des méthodes non-thermiques offre une alternative intéressante aux traitements thermiques conventionnels. Elles inactivent les micro-organismes, en particulier les spores bactériennes, tout en préservant les qualités organoleptiques et nutritionnelles du produit traité. De ce fait, elles ont reçu une attention particulière ces dernières années.

En général, deux méthodes non thermiques ont été développées pour inactiver les spores de *Bacillus* ; la première consiste à l'induction de la germination des spores (par les éléments nutritifs ou la pression hydrostatique (HP)) suivie par une étape d'inactivation des spores germées par d'autres traitements comme la température et la HP ; la deuxième méthode consiste à la destruction directe des spores en combinant certains traitements thermique et non thermique.

C'est dans ce cadre que s'inscrit notre travail ayant comme objectif le développement et l'optimisation d'un procédé performant, pratique et extrapolable à l'échelle industrielle pour la destruction des spores bactériennes fortement thermorésistantes de *Bacillus sporothermodurans*. Pour cela, nous nous sommes intéressés à étudier l'effet des traitements non thermiques, à savoir la pression hydrostatique (HP) et les produits antimicrobiens, seuls ou en combinaison sur la viabilité et la germination des spores de *B. sporothermodurans*.

Au cours de ce travail, nous avons adopté une démarche expérimentale qui consiste, en première, à l'étude de la germination des spores de *B. sporothermodurans* induite par certains éléments nutritifs (les acides aminés, les sucres et l'inosine) et par la pression hydrostatique dans le lait et dans l'eau distillée. Par conséquent, nous avons étudié l'effet des facteurs environnementaux sur ce processus de germination et déterminé les conditions optimales en utilisant la méthodologie des surfaces de réponses (MRS).

Dans une deuxieme partie, nous avons étudié le potentiel du traitement par hautes pressions hydrostatiques du lait pour faire détruire les spores bactériennes. Ainsi, nous avons examiné, d'une part, l'effet de différentes intensités de pression hydrostatique et d'une autre part les effets de quelques facteurs pratiques et environnementaux (la température, la durée du traitement, la présence de la nisine dans le milieu du traitement et la composition du milieu), moyennant un plan d'expérience, sur l'inactivation des spores afin de trouver les conditions optimales de décontamination.

Chapitre I.
Synthèse bibliographique

I. Spores bactériennes

1. Processus de sporulation

La spore est une forme de vie dormante douée d'une forte résistance. Elle caractérise certains genres des bactéries à Gram-positif en les permettant de survivre de longue période dans un environnement défavorable (Prescott et *al*. 1995). En effet, une bactérie qui ne se divise plus devient en quelques heures une spore résistante qui peut rester indéfiniment en état de dormance (Larpent and Larpent, 1985) et survivre pour une période étendue avec peu ou aucun élément nutritif. Cependant, elle est mise en équilibre pour revenir à la vie si l'élément nutritif devient disponible. La spore est métaboliquement dormante, contenant peu ou pas des composés d'énergie comme l'ATP et le NADH. Elle n'expose aucun métabolisme détectable des composés endogènes ou exogènes (Setlow, 1983 ; Setlow, 1994; Cowan et *al*. 2003).

La spore peut être examinée à l'aide du microscope électronique, elle apparaît comme des vésicules incolores dans les bactéries colorées au bleu de méthylène (Prescott et *al*. 1995). En effet, la spore se distingue de la cellule végétative par ses nouvelles structures qui sont ses enveloppes. Il existe de plus une différence très importante au niveau de la composition chimique puisque la spore contient des composés totalement absents dans la forme végétative. De l'intérieur vers l'extérieur, une description des structures d'une spore bactérienne est illustrée dans la figure 1 :

Le cœur de la spore (core) contient le matériel nucléaire et les ribosomes ; il est très fortement déshydraté. En effet, sa teneur en eau n'excède pas 15 à 20 % au lieu de 80 % rencontré chez une cellule végétative. Il n'y a pas d'activité métabolique au sein de cette structure pendant la phase de la dormance ;

La membrane interne (Inner Forespore Membrane) est une membrane en double couche classique qui deviendra la membrane cellulaire de la forme végétative ;

La paroi sporale (Primordial Germ Cell Wall) contient du peptidoglycane qui deviendra, après la germination la paroi de la cellule végétative ;

Le cortex représente 10 à 20% de l'ensemble, c'est une couche épaisse d'aspect monomorphe, très transparente aux électrons ; il est formé d'un peptidoglycane inhabituel avec moins de liaisons internes et très sensible au lysozyme ; il contient une forte proportion du dipicolinate de calcium (DPA-Ca^{2+}) ; son autolyse constitue une étape déterminante de la germination ;

Les enveloppes interne et externe (coats) représentent 20 à 35% de l'ensemble ; elles sont composées d'une protéine de type kératine riche en liaisons disulfures ; imperméables, elles sont responsables de la résistance aux agents chimiques ;

L'exosporium est la couche la plus externe. C'est une membrane lipoprotéinique contenant 20 % de sucres, elle n'est pas essentielle à la survie de la spore.

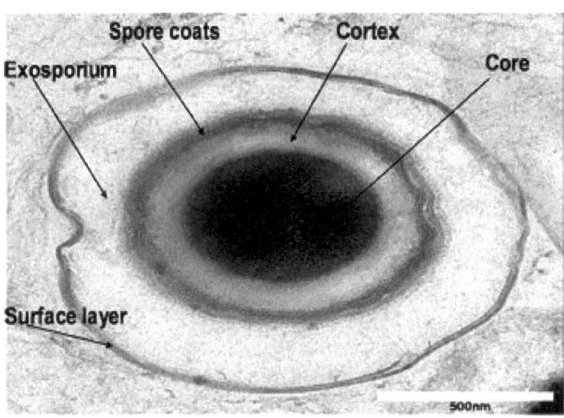

Figure 1 : Observation microscopique d'une spore de *Bacillus sporothermodurans* (Tabit and Buys, 2010).

La plupart des bactéries ne présentent pas des cycles évolutifs, elles se multiplient exponentiellement tant que la nourriture est à leur disposition et entrent en phase stationnaire quand les ressources sont épuisées et vont se différencier en une cellule plus résistante au moment où la croissance n'est plus possible, c'est qu'on nomme la sporulation (Piggot and Hilbert, 2004 ; Léon and Veron, 1989). Ce processus a été examiné de manière approfondie par plusieurs auteurs tels que Boyd et ses collaborateurs (1981), Errington (2003), Eichenberger et ses collaborateurs (2004), Piggot et Hilbert (2004) et Barak et Wilkinson (2005).

La formation des spores est un phonème un peu complexe dans lequel plus de 125 gènes sont impliqués (Stargier and Losick, 1996). Environ sept heures sont nécessaires pour produire une spore très résistante avec des changements importants dans la morphologie et la physiologie de la cellule végétative. En effet, ce processus ne se déroule que lorsque les conditions du milieu deviennent défavorables au maintien de la forme végétative. Il peut donc avoir lieu lorsqu'il y a une modification du pH du milieu ou encore lorsqu'il y a manque d'oxygène pour les espèces aérobies strictes. De même quand un facteur nutritionnel est déficient ou pour tout autre changement du milieu inhibant la croissance et le développement des cellules végétatives (Boyd et al. 1981).

La sporulation peut se dérouler en sept phases (Figure 2). Une division cellulaire asymétrique permet la formation d'un septum séparant la cellule mère et la pré-spore (étape II). Cette dernière contient alors 30% du matériel génétique de la cellule végétative initiale. C'est entre l'étape II et l'étape III que la formation de la spore devient irréversible (Parker et al. 1996). La formation de membranes sporales interne et externe permet ensuite l'invagination de la pré-spore dans la cellule mère (étape III). Ces membranes sont de fonctionnalités et de polarités opposées. La membrane interne est une barrière de perméabilité, tandis que la membrane externe permet le transport de métabolites dans la pré-spore. Entre ces deux membranes, se développe ensuite le cortex (étapes IV et V), qui assure la déshydratation de la structure centrale de la spore en appliquant une pression osmotique et mécanique sur la membrane interne et le protoplaste. Une fois ces structures matures, la cellule mère est lysée. La spore est alors appelée spore libre (étapes VI et VII).

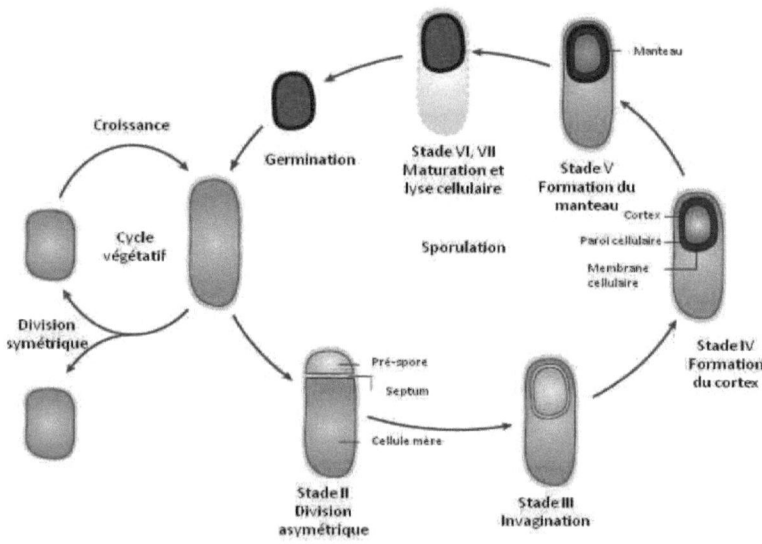

Figure 2 : Cycle de sporulation de *Bacillus subtilis* (Errington, 2003).

2. Résistance des spores

La résistance des spores est acquise progressivement au cours de la sporulation. Cette résistance n'est pas spécifiquement liée à une étape particulière de la sporulation. L'acquisition de la résistance dépend du développement et de la maturité des différentes structures sporales (Knott et al. 1995). Les premières acquisitions de résistance des spores sont observées entre l'étape III et l'étape IV. Il a été noté que les spores de B. subtilis deviennent alors résistantes aux solvants organiques (xylène, toluène, benzène) et aux alcools (octanol, butanol, méthanol et éthanol). L'acquisition de la résistance à la chlorhexidine, au phénol et à la chaleur apparaît ensuite entre les étapes IV et VI de sporulation. Enfin, la résistance au lysozyme et au glutaraldéhyde est acquise au-delà de l'étape VI de sporulation (Russell, 1990; Knott et al. 1995).

L'acquisition de la résistance des spores est indissociable de la formation des spores, qui dépend de l'espèce bactérienne et des conditions environnementales de sporulation.

2. 1. Thermo-résistance des spores

Les spores de certaines espèces peuvent résister à des températures supérieures à 100°C d'où on parle de la thermo-résistance (Léon and Veron, 1989). Cette dernière varie d'une espèce à une autre. Par exemple, les spores de B. sporothermodurans peuvent résister à de température de l'ordre de 141°C pendant 5s (Klijn et al. 1997). Elle est en fonction des conditions de la production et de la conservation des spores et des conditions dans lesquelles les spores sont traitées (Bergère and Cerf, 1992). D'ailleurs, de nombreux auteurs ont décrit l'influence de la composition du milieu de sporulation (Gonzalez et al. 1995), de la température (Raso et al. 1995 ; Mafart, 1991), du pH (Santos et al. 1992 ; Fernandez et al. 1994) et de l'activité de l'eau (a_w) (Smelt et al. 1976 ; Bhothipaksa and Busta, 1978) sur la thermorésistance des spores.

2. 1. 1. Effet du pH

Le pH peut avoir un effet sur la thermorésistance des microorganismes. D'ailleurs, l'acidification des aliments est utilisée couramment pour limiter le développement microbien. L'effet des faibles valeurs du pH semble avoir plusieurs conséquences sur la valeur du paramètre z (z est défini comme la température de destruction microbienne, c'est à dire le nombre de degré entraînant une variation du temps de réduction décimal (D) d'un facteur 10). Certains auteurs observent une augmentation de valeur z quand le pH diminue, les spores seraient donc moins sensibles à la température à faible niveau du pH (Santos et al. 1992).

Fernandez et ses collaborateurs (1994) ont constaté l'effet inverse, à savoir une diminution de valeur z conjointement à celle du pH, les spores seraient donc sensibilisées à la température par le pH acide. Enfin, Xezones et Hutching (1965) n'ont pas noté de variation de valeur z avec le pH. Les trois cas existent mais l'effet le plus fréquemment rencontré est une acido-résistance accrue avec la température (Lopez et al. 1996). Grecz et ses collaborateurs (1972) ont expliqué l'action du pH acide par son effet sur la constitution chimique de la spore. Ils ont observé que la diminution du pH induit une libération du DPA-Ca^{2+} dans le milieu, celle-ci ayant comme conséquence une réhydratation précoce de la spore et donc sa fragilisation. Cette libération serait due à la neutralisation des groupements carboxyliques du peptidoglycane du cortex au fur et à mesure que le pH décroît (Behringer and Kessler, 1992).

2. 1. 2. Effet de l'activité de l'eau

Après le pH, l'activité de l'eau (a_w) est le facteur le plus important en termes d'impact sur la thermorésistance des microorganismes. A l'inverse d'un faible pH, qui favorise la destruction thermique, une faible a_w possède des propriétés protectrices. Bhothipaksa et Busta (1978) ont montré que le faible niveau d'a_w peut provoquer une déshydratation importante des spores ou favoriser le maintien du complexe DPA-Ca^{2+} dans les spores, celui-ci a comme conséquence une augmentation de la thermorésistance de spore. En effet, Smelt et ses collaborateurs (1976) ont étayé cette hypothèse et ont montré que l'a_w avait une action protectrice plus importante aux pH acides, pH responsable du relargage du DPA.

2. 1. 3. Effet de la composition du milieu

Le milieu où se trouvent les spores a un rôle important dans leur thermorésistance. L'augmentation de la concentration de certains cations bivalents (Ca^{2+}, Fe^{2+}) et la présence de certaines substances organiques comme les acides gras dans le milieu augmentent la thermorésistance des spores (Sugiyama, 1951; Cerf et al. 1988), par contre la présence dans le milieu d'antiseptique comme l'alcool et la forte concentration en ions phosphate diminue la thermorésistance des microorganismes (Mafart, 1991).

2. 1. 4. Effet de la température de sporulation

La température à laquelle se produisent les spores a un grand effet sur leur thermorésistance. Certains auteurs ont constaté que les spores produites à des températures plus élevées sont plus thermorésistantes (Beaman and Gerhardt, 1986; Raso et al. 1995 ; Minh et al. 2011), alors que d'autres auteurs ont signalé un effet inverse (De Pieri and Ludlow, 1992). Ils ont également constaté que la température de sporulation optimale donne lieu à des spores très thermorésistantes. En effet, les spores des bactéries thermophiles et de certaines espèces de bacilles aérobies mésophiles les plus résistantes proviennent de cultures incubées à des températures de sporulation les plus élevées pour lesquelles la croissance végétative est encore possible (Cerf et al. 1988). De plus, la température d'incubation post-traitement avait un rôle important sur la thermorésistance (Condon et al. 1996).

2. 2. Résistance des spores au vieillissement

Les spores peuvent conserver leur capacité de germination plusieurs dizaines d'années après leur formation. En effet, certaines endospores restent viables pendant plus de 500 ans ; des spores d'actinomycètes ont été retrouvées vivantes après une période de 7500 ans (Prescott et al. 1995).

2. 3. Résistance des spores aux radiations

Les spores sont considérablement plus résistantes que les cellules végétatives à la radiation (γ) (Nicholson et al. 2000). Les raisons de la forte résistance de spore ne sont pas toutes claires, mais le contenu de l'eau dans la spore peut être parmi les facteurs de cette résistance. En effet, il réduit la capacité des radiations (γ) de produire des radicaux hydroxyles. On sait que l'acide dipicolinique (DPA) est impliqué dans la résistance des spores à la radiation ultra-violette (UV), mais il n'y a pas d'information sur son rôle possible dans la résistance des spores à la radiation (γ) (Nicholson et al. 2000).

3. Structures impliquées dans la résistance des spores

Les spores libres sont capables de résister à la dessiccation, aux radiations UV et aux agents chimiques et physiques (Setlow and Johnson, 2007). Cette résistance est assurée grâce aux différentes structures de la spore. La structure centrale de la spore, appelée protoplaste, contient l'ADN, les ARN et la plupart des enzymes de la spore. L'ADN de la spore est protégé par des complexes calcium-acide dipicolinique (Ca-DPA) et par des protéines / -SASP (Small Acid-Soluble Protein) (Setlow, 2007). La liaison des SASP avec la périphérie de l'ADN consolide et rigidifie la structure en hélice. En plus du calcium, le protoplaste est également composé d'autres minéraux (mono- ou di-valents) tels que le sodium, le potassium, le manganèse et le magnésium, entraînant la déshydratation du protoplaste (Nicholson et al. 2000). Cette minéralisation et déshydratation du protoplaste sont fortement associées à la résistance des spores (Nakashio and Gerhardt, 1985; Beaman and Gerhardt, 1986; Nicholson et al. 2000; Mah et al. 2008).

Le protoplaste est entouré de la membrane interne. Cette membrane ne permet pas le passage de petites molécules vers le protoplaste (Setlow, 2007). Ainsi, par son imperméabilité, la membrane interne est essentielle pour la résistance des spores aux agents chimiques (Cortezzo et al. 2004). Le cortex, situé entre la membrane interne et la membrane externe, permet de maintenir le protoplaste déshydraté. Il exerce une contrainte mécanique sur l'intérieur de la spore et est ainsi indispensable à sa résistance (Minh, 2009). La membrane externe, entourant le cortex, est perméable et en cela ne semble pas intervenir dans les mécanismes de résistance des spores. Les tuniques situées en périphérie de la membrane externe sont perméables aux agents chimiques (Henriques and Moran, 2007; Setlow, 2007). Les tuniques limitent l'entrée des molécules à l'intérieur de la spore et exercent également une contrainte mécanique vers l'intérieur de la spore, évitant ainsi son gonflement (Minh, 2009). Les tuniques ne jouent pas de rôle significatif dans la résistance thermique des spores ni dans la résistance aux radiations (Riesenman and Nicholson, 2000; Eichenberger, 2007). Néanmoins, elles sont indispensables à l'intégrité de la spore, car une défaillance dans les tuniques entraîne une instabilité et une germination spontanée de la spore (Henriques and Moran, 2007). Enfin, l'exosporium est impliqué dans la résistance aux agents chimiques et participe également aux phénomènes d'adhésion aux surfaces (Henriques and Moran, 2007; Faille et al. 2010).

4. Mécanismes de la destruction des spores

En plus des multiples facteurs qui contribuent à la résistance des spores, il y a aussi des multiples mécanismes par lesquels différents traitements détruisent les spores. Ces mécanismes comprennent:

- **Les lésions de l'ADN** dans le cas du rayonnement UV ou en présence de certains produits chimiques génotoxiques (Setlow, 2000; Tennen et al. 2000),
- **La rupture complète de l'intégrité de spore** causée par un acide fort (Setlow et al. 2002);
- **L'inactivation d'un ou plusieurs composants de l'appareil de germination** des spores y compris les enzymes qui dégradent le peptidoglycane du cortex des spores (Setlow et al. 2002), certains protéines nécessaires à la germination des spores et probablement d'autres mécanismes encore inconnus inactivent la germination (McDonnell and Russell, 1999; Setlow, 2000; Tennen et al. 2000);

- **Les dommages à la membrane interne des spores** causés par des produits chimiques tels que l'acide peroxynitreux (Genest et al. 2002) ou le sterilox (Loshon et al. 2001).

II. Germination et inactivation des spores bactériennes

1. Germination des spores

La germination des spores est un processus irrévocable qui marque le transfert de la dormance et la résistance des spores à une cellule active qui peut croitre, se diviser et perdre sa capacité de résistance. Elle intervient lorsque les conditions environnementales redeviennent favorables (Guiraud, 1998). En dépit de leur état inactif et résistant, les spores généralement retiennent un mécanisme sensible capable de détecter et de répondre rapidement à la présence d'un germinant spécifique (Foerster and Foster, 1966; Gould and Sale, 1972; Moir and Smith, 1990) pour commencer le processus de la germination. En effet, la germination des spores peut être déclenchée par une variété d'éléments nutritifs et non nutritifs (produits chimiques et agents physiques) selon un modèle réactionnel (Figure 3).

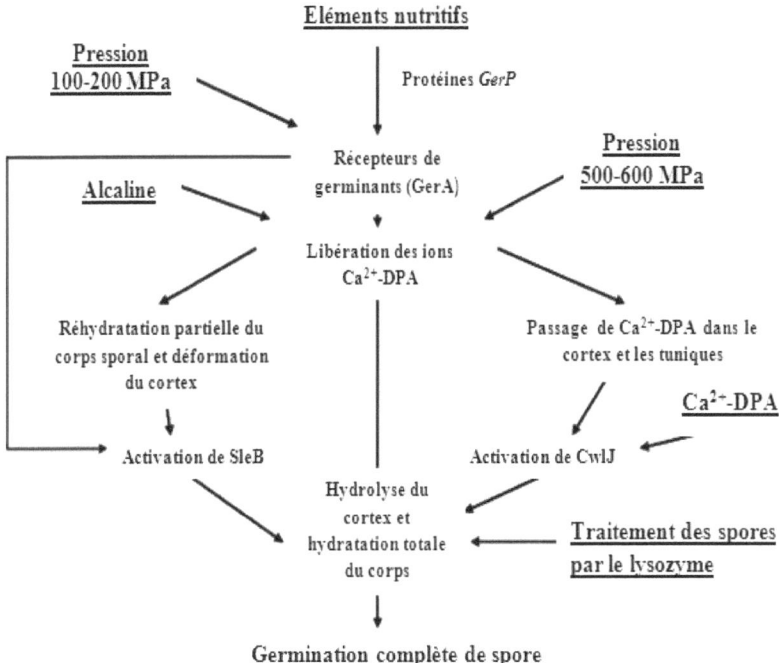

Figure 3 : Modèle de réaction et d'interaction de germination des spores bactériennes en présence des éléments nutritifs et non nutritifs (Seltow, 2003).

1. 1. Germination des spores par les éléments nutritifs

La germination des spores induite par les éléments nutritifs a été étudiée en détail pour certaines espèces de *Bacillus* comme *B. subtilis* (Irie et *al*. 1982 ; Paidhungat and Setlow, 2000), *B. anthracis* (Ireland and Hanna, 2002), *B. megaterium* (Racine et *al*. 1979 ; Rossignol and Vary, 1979), *B. licheniformis* (White et *al*. 1974), *B. cereus* (Cléments and Moir, 1998 ; Barlass et *al*. 2002) et pour certaines espèces de *Clostridium* (Takeshi et *al*. 1988 ; Alberto et *al*. 2003; Paredes -Sabja et *al*. 2008). Cette germination était considérée comme étant la voie naturelle de la germination. Elle nécessite la présence des germinants, des récepteurs spécifiques et des enzymes lytiques des cortex (CwlJ et SleB). Les récepteurs sont codés par l'opéron *gerA* et situés dans la membrane interne de la spore (Hudson et *al*. 2001; Paidhungat et *al*. 2001). Les germinants sont capables d'activer ces récepteurs par l'interaction allostérique (Wolgamott and Durham, 1971), cela déclenche une cascade de processus qui dégrade peu à peu les structures de protection des spores qui vont alors reprendre les processus cellulaires et leurs métabolismes conduisant finalement à une cellule végétative (Figure 4). Notamment, les premières étapes de la germination ne nécessitent pas de protéines ou de synthèse d'acides nucléiques. Plusieurs étapes de transition peuvent être identifiées lors de l'addition des éléments nutritifs, à commencer par une phase de latence (dont la durée est influencée par les caractéristiques des souches et les facteurs environnementaux). Elle correspond au transfert d'une molécule de nutriments à travers les récepteurs Ger situés sur la membrane des spores. Ensuite, une perte rapide de la rétractilité se produit, suivie d'une deuxième phase de la perte de la rétractilité. Cette dernière phase est influencée par les facteurs environnementaux comme le pH. Alors que la première phase de la perte de la rétractilité est relativement indépendante des conditions externes (Hashimoto et *al*. 1969). D'autres expériences ont montré que la diminution de la rétractilité coïncide avec la libération du DPA-Ca^{2+} (Chen et *al*. 2006). En effet, avant cette libération, un efflux rapide des cations monovalents (ions H^+, Na^+ et K^+) se produit. Puis l'hydrolyse de la couche corticale se produit, accompli par l'activation des enzymes lytiques du cortex CwlJ et SleB. Après la dégradation du cortex, le noyau devient totalement réhydraté, des enzymes ont réactivées et on a une synthèse de l'ATP. La dégradation des protéines SASP qui permet la libération de l'ADN et la synthèse des protéines marque la phase d'excroissance.

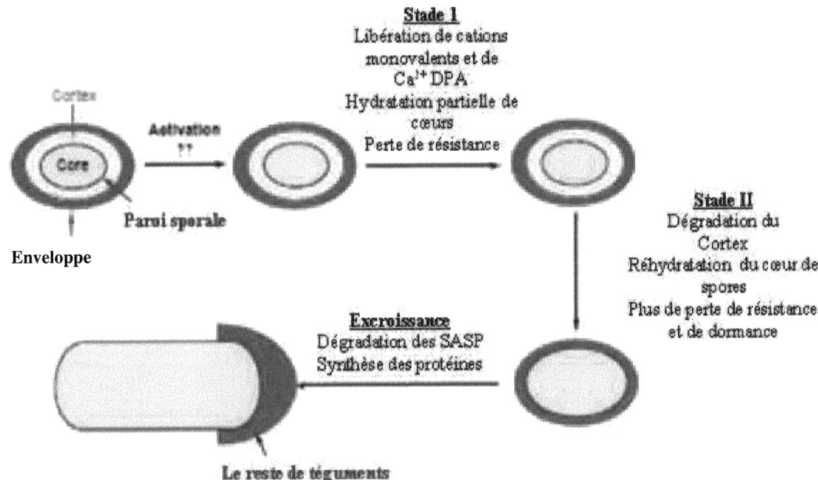

Figure 4 : Principales étapes du processus de germination des spores de *Bacillus* (Setlow, 2003). La germination est initiée lorsque les molécules nutriments (germinants) activent les récepteurs présents dans la membrane interne de spore.

Les éléments nutritifs qui peuvent déclencher la germination des spores sont : les acides aminés (Rossignol and Vary, 1979 ; Barlass et *al.* 2002 ; Ireland and Hanna, 2002), les sucres (Racine et *al.* 1979) et l'inosine (Clements and Moir, 1998 ; Barlass et *al.* 2002). En plus, la germination peut être achevée rapidement par la combinaison de différents éléments germinatifs (Wax and Freese, 1968 ; Barlass et *al.* 2002). Par exemple, l'endospore de *B. cereus* germe en réponse à l'inosine ou le L-alanine mais la plus rapide réponse de germination est obtenue par la combinaison de ces deux germinants (Barlass et *al.* 2002). Wax et Freese (1968) ont montré que la germination des spores de *B. subtilis* peut être induite soit par le L-alanine, soit par un mélange constitué de L-asparagine, D-glucose, D-fructose et des ions potassium (AGFP).

Le tableau 1 résume la germination des spores de certaines espèces bactériennes sporulantes en présence des éléments nutritifs.

Tableau 1 : Germination de spores de certaines espèces bactériennes sporulantes en présence des éléments nutritifs.

Espèces	Germinants	Références
B. subtilis	- L-alanine	Wax et Freese, 1968
	- Mélange AGFK	Mccann et al. 1996
B. anthracis	- L-alanine	
	- Inosine + L-alanine	Ireland et Hanna, 2002.
	- L-alanine avec Histidine, Proline, Tryptophane et tyrosine	
	- Inosine avec cystéine, histidine, méthionine, phénylalanine, proline, serine, tryptophane, tyrosine et valine	
B. cereus	- L-alanine (100 mM)	Cléments et Moir, 1998
	- Inosine (50 mM)	Barlass et al. 2002
	- L-alanine + Inosine	Hornstra et al. 2006
	- Certains acides aminés : L-cystéine, L-thréonine et L-glutamine	
B. licheniformis	- L-alanine	White et al. 1974
	- D-glucose	
B. magaterium	- L-proline	Rossignol et Vary, 1979
	- L-alanine	Hyatt et Levinson, 1961 ; 1964
	- L-valine	
	- L-leucine	Racine et al. 1979
	- D-glucose	
	- Combinaison : L-alanine + D-glucose et L-alanine + L-valine	
C. perfringens	- L-aspartate + KCl	Paredes-Sabja et al. 2008
	- L-alanine	
	- L-valine	

1. 2. Germination des spores par les produits chimiques

En plus des éléments nutritifs, la germination peut être induite par une variété des produits chimiques y compris le lysozyme, le DPA-Ca^{2+}, les cations surfactants et les sels (Gould, 1969).

Le lysozyme est un puissant germinant parce qu'il peut dégrader le cortex de la plupart des spores (Paidhungat and Seltow, 2000).

Le DPA-Ca^{2+} est aussi un bon germinant des spores. Il est capable d'initier la germination sans exiger la présence de récepteurs (Keynan and Halverson, 1962; Paidhungat et al. 2001). L'addition du DPA-Ca^{2+} active directement le CwlJ, une des enzymes lytique du cortex et celle-ci induit la destruction du cortex après laquelle la spore continue la germination.

La germination de spores par **les cations surfactants** comme le dodecylamine est reconnue depuis longtemps (Rode and Foster, 1961). La germination complète des spores induite par le dodecylamine exige une des enzymes lytiques (CwlJ ou SleB), mais n'exige pas la présence de récepteurs (Setlow et al. 2003). L'addition du dodecylamine induit une perte rapide de la rétractilité des spores, une excrétion facile du DPA et une perte de la résistance à la chaleur.

Finalement, les spores de quelques espèces, par exemple *B. megaterium*, exigent seulement **des sels** pour la germination à savoir le bromure de potassium (KBr). Cependant, le mécanisme de la germination induite par les sels n'est pas encore élucidé (Rode and Foster, 1962).

1. 3. Germination des spores par la pression hydrostatique

La germination des spores du genre *Bacillus* peut être déclenchée par certains facteurs physiques comme le frottement et la HP (Rode and Foster, 1960; Nicholson et al. 2000; Jones et al. 2005; Minh et al. 2010).

Le frottement provoque la germination des spores en causant des dégâts mécaniques à la spore qui peut activer les enzymes lytiques (CwlJ et SleB) et mener à la destruction du cortex (Jones et al. 2005).

L'initiation de la germination des spores par **la pression hydrostatique** a été démontrée pour la première fois par Clouston et Wills (1969). Ils ont remarqué que lorsque les spores de *B. pumilus* sont traitées par une pression de l'ordre de 170 MPa à 25°C, la germination a été déclenchée. Pendant ces dernières décennies, la germination des spores par la pression est largement étudiée pour certaines espèces de *Bacillus* comme *B. subtilis* (Minh et al. 2010), *B. polymuxa* (Shigeta et al. 2007), *B. cereus* (Opstal et al. 2004) et certaines espèces de

Clostridium (Kalchayanand et *al.* 2004). Généralement, les spores de beaucoup d'espèces peuvent germer sur une gamme de pression allant de 100 MPa jusqu'à 600 MPa (Gould, 1969; Paidhungat and Setlow, 2002). Une synthèse des conditions de germination de spores de certaines espèces bactériennes sporulantes par la HP est présentée dans le tableau 2.

En effet, il y a plusieurs facteurs qui peuvent affecter la germination induite par la HP comme la température, la durée du traitement et la composition du milieu. Par exemple, la germination induite par la HP de *B. cereus* et *B. subtilis* augmente avec l'augmentation de la température ou de la durée du traitement (Raso et *al.* 1998; Minh et *al.* 2010). Opstal et ses collaborateurs (2004) ont montré que la germination des spores de *B. cereus* est plus prononcée dans le lait que dans le tampon phosphate.

Tableau 2 : Conditions de germination de spores de certaines espèces bactériennes sporulantes par la pression hydrostatique.

Espèces	Conditions de germination	Références
B. pumilus	170 MPa à 25°C	Clouston et Wills (1969)
B. subtilis	de 100 à 600 MPa à 40°C pendant 30 min	Wuytack et *al.* (1998)
B. cereus	350 MPa à 40°C pendant 10 min	Minh et *al.* (2010)
	200 MPa à 40°C pendant 30 min	Opstal et *al.* (2004)
	300 MPa à 20°C	Oh et Moon, (2003)
	690 MPa à 40°C pendant 15 min	Raso et *al.* (1998)
	60 MPa à 30°C pendant 210 min	Lopéz et *al.* (2003)
C. tertium	483 MPa à 25°C pendant 5 min	Kalchayanand et *al.* (2004)
B. subtilis *B. cereus* *B. polymyxa*	60 MPa à 40°C pendant 30 ou 40 min	Shigeta et *al.* (2007)

Les mécanismes d'initiation de la germination des spores par la HP ont été étudiés par plusieurs auteurs (Wuytack et *al*. 1998; Wuytack et *al*. 2000 ; Paidunghat and Setlow, 2002). Wuytack et ses collaborateurs (1998) ont étudié la germination des spores de *B. subtilis* à faible (100 MPa) et haute (600 MPa) pression. De plus, ils ont comparé les propriétés de la résistance des spores germées par la pression par rapport à celles germées par les éléments nutritifs (L-alanine ou AGFK). Ils ont constaté que la germination des spores de *B. subtilis* induite, à faible pression (100 MPa), a entraîné la perte du DPA de spores, la dégradation des protéines SASPs et la génération rapide de l'ATP. Alors que la germination à haute pression (600 MPa) est provoquée par la libération du DPA. Cependant, la dégradation de l'ATP et la génération des protéines SASPs n'ont pas été observées. Ils ont conclu que les spores germées à faible pression sont plus sensibles à la pression, à la lumière UV et au peroxyde d'hydrogène que celles germées à haute pression (600 MPa) car la haute pression entraîne une germination incomplète. Cette dernière explique pourquoi l'inactivation de spores de *Bacillus spp.* est plus efficace à des pressions modérées (200 à 500 MPa) qu'à celles plus élevées (>500 MPa).

Wuytack et ses collaborateurs (2000) et Paidunghat et Setlow (2002) ont étudié les voies de la germination des spores de *B. subtilis* induite par faible (100 MPa) et haute (500 et 600 MPa) pression et leur relation avec la germination provoquée par les éléments nutritifs. Ils ont conclu qu'au faible niveau de pression (100-200 MPa), la germination est provoquée par l'activation des récepteurs du germinant (même mécanisme de germination par les éléments nutritifs). Cependant, à des pressions plus élevées (500-600 MPa), les spores qui manquent des récepteurs déclenchent une germination rapide, ce qui suggère que ces niveaux de pression ouvrent les canaux DPA-Ca^{2+} des spores.

2. Inactivation des spores bactériennes

Les différents traitements et antimicrobiens utilisés pour inactiver les spores bactériennes dans le lait sont résumés dans le tableau 3.

Tableau 3 : Synthèse sur différents traitements et antimicrobiens utilisés pour inactiver les spores bactériennes dans le lait.

Traitement combiné		Produit	Bactéries	Inactivation (log unités)		Références
Traitement	Conditions					
Nisine - Température	75UI/ml 80-100°C	Lait	B. cereus	Réduction de la valeur D jusqu'à 40%		Penna et Moraes, 2002
Nisine - Monolaurine	1000 UI/ml 250 µg/ml	Lait	B. cereus	1,5		Mansour et Milliére, 2001
			B. licheniformis	4		
			B. subtilis	5		
			B. coagulans	<5		
Nisine-sorbate de potassium	40 UI/ml 0,2% (v/v)	Lait	B. licheniformis	4		Mansour et al. 1998
Nisine-HP	550 MPa/41°C/ 12,2 min+120 IU/ml de la nisine	Lait	B. coagulans	6		Gao et Ju, 2011
	404MPa/45°C/ 30 min	Tampon	B. subtilis	5		Stewart et al. 2000
HP-Température	500MPa/60°C/ 30 min	Lait	B. cereus	6		Opstal et al. 2004
	625 MPa/86°C/ 14 min	Lait	G. sterothermophilis	6		Gao et al. 2006
	576MPa/ 87°C/13 min	Lait	B. subtilis	6		Gao et al. 2005

HP : Pression hydrostatique

2. 1. Inactivation des spores par les antimicrobiens

Les agents antimicrobiens sont des substances dont le contact, dans des conditions définies avec les microorganismes, entraîne, soit l'arrêt de leur multiplication, soit leur élimination. Chaque agent est défini par son spectre d'activité (liste des espèces vis-à-vis desquelles cet agent à une action). L'activité peut être : (i) bactéricide (propriété de détruire les bactéries), (ii) bactériostatique (propriété d'inhiber momentanément la croissance bactérienne), (ii) fongicide (propriété de détruire les champignons, (iv) sporicide (propriété de détruire les spores bactériennes) et (v) virucide (propriété de détruire le virus). En effet, il existe une infinité d'agents antimicrobiens qui sont classés comme des additifs alimentaires.

La directive 89/107/CEE du 21 décembre 1988 a défini l'additif alimentaire comme "toute substance non consommée comme aliment en soi, habituellement non utilisée comme ingrédient dans l'alimentation, possédant ou non une valeur nutritive" (Moll and Moll, 1998), dont l'adjonction aux denrées alimentaires doit avoir un rôle d'amélioration de la conservation, de la stabilisation ou des caractéristiques organoleptiques du produit fini. L'ajout d'un additif est effectué au stade de la fabrication, de la transformation, de la préparation, du traitement, du conditionnement, du transport ou d'entreposage. L'additif ne doit pas présenter de danger pour la santé aux doses utilisées. Il doit répondre à des critères de pureté spécifiques. Sa présence et la dose doivent être précisées dans chaque produit.

La nisine est la seule bactériocine légalement approuvée comme additif alimentaire (E234). Elle est commercialisée sous une forme semi-purifiée. Elle a accompli le statut GRAS (Generally Recognized As Safe) aux États-Unis (Food et Drug Administration, 1998). C'est un peptide composé de 34 résidus d'acides aminés, avec une masse moléculaire de 3,5 kDa. Elle est considérée comme une bactériocine de classe Ia ou lantibiotique (Hurst, 1981). Elle est produite par certaines espèces de *Lactoccus lactis subsp lactis*. L'utilisation de la nisine comme bio-conservateur a été largement étudiée dans une grande variété d'aliments frais et transformés (Jung et *al.* 1992).

2. 1. 1. Mode d'action de la nisine

La nisine est un agent bactéricide efficace contre les bactéries à Gram-positif, y compris les souches de *Lactococcus, Streptococcus, Staphylococcus, Micrococcus, Listeria, Pediococcus, Lactobacillus* et *Mycobacterium* (Sahl et *al.* 1995). Les spores du genre *Bacillus* et *Clostridium* sont particulièrement sensibles à la nisine, les spores en phase d'excroissance étant plus sensibles que les cellules végétatives en phase de croissance (Delves-Broughton et *al.* 1996). Généralement, la nisine agit sur l'excroissance des spores de *Bacillus* mais elle n'affecte pas leur germination (Mansour et *al*. 1999 ; Gut et *al*. 2008). Black et ses collaborateurs (2008) ont montré que la nisine peut agir en synergie avec les nutriments, trouvés dans le lait, et la HP pour améliorer la germination des spores. En revanche, certaines bactéries à Gram-positif sont résistantes à la nisine en raison de leur capacité de synthétiser une enzyme, nisinase, qui pourrait inactiver la nisine (Abee et *al*. 1995). La nisine n'est généralement pas active contre les bactéries à Gram-négatif, les champignons et les virus (Boziaris and Adams, 1999).

Il y a de nombreuses discussions sur le mécanisme d'action de la nisine sur les spores et les cellules végétatives (Breukink et *al*. 2003; Hasper et *al*. 2006). La première cible de la nisine se situe au niveau de la membrane cytoplasmique de la souche sensible (Sahl et *al*. 1995). La nisine forme des pores qui perturbent la force proton moteur et l'équilibre du pH causant la fuite des ions et l'hydrolyse de l'ATP entraînant la mort cellulaire (Figure 5). La nisine peut interférer également avec la biosynthèse de la paroi cellulaire, ce phénomène est du à la capacité de la nisine de se lier au lipide II, un précurseur du peptidoglycane, elle inhibe la biosynthèse de la paroi cellulaire. Une telle liaison est liée à la capacité de la nisine de former ainsi des pores (Bauer and Bites, 2005; Deegan et *al*. 2006).

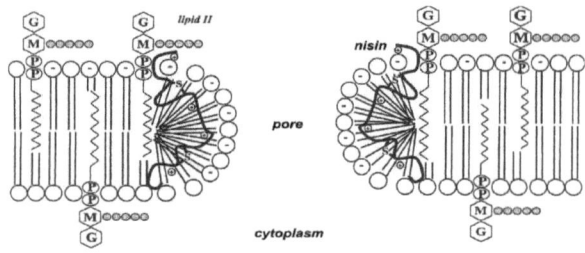

Figure 5 : Mode d'action de la nisine (Brotz and Sahl, 2000).

Les bactéries à Gram-négatif sont résistantes à la nisine en raison de la présence du lipopolysaccharide (LPS), composant essentiel de la couche externe de la paroi bactérienne, qui agit comme un obstacle à l'action de la nisine sur la membrane cytoplasmique. D'autre part, les agents chélateurs, tels que l'EDTA, confinent les cations magnésium et les ions calcium du LPS provoquant une déstabilisation de la couche externe. Ainsi, la nisine peut être transportée à travers la couche du LPS et créer des pores dans la membrane cytoplasmique, entraînant une perte de la force motrice des protons et une fuite des nutriments intracellulaire (Millette et *al*. 2004).

La nisine est principalement sporostatique plutôt que sporocide (Delves-Broughton, 2005). Elle agit sur les spores en se liant aux groupes sulfhydryles de leur surface (Morris et al. 1984). Il a été observé que les spores sont devenues plus sensibles à la nisine après un traitement thermique. En effet, les spores du *Clostridium* PA3679 qui ont survécu à haute température (121,1°C pendant 3 min) sont 10 fois plus sensibles à la nisine que celles qui n'ont pas été endommagées par la chaleur (Delves-Broughton et al. 1996).

Delves-Broughton et ses collaborateurs (1996) ont montré que la sensibilité, à la fois des cellules végétatives et des spores, à la nisine peut varier entre les genres et même entre les souches de la même espèce.

2. 1. 2. Combinaison de la nisine avec d'autres traitements

La combinaison de la nisine avec d'autres traitements thermique et non thermique a été testée dont le but d'améliorer la destruction des spores et des cellules végétatives. La nisine a été utilisée en combinaison avec la HP (Black et al. 2008; Gao and Ju, 2011), le traitement thermique (Lee et al. 2002) et avec certaines bactériocines à savoir la monolaurine et le sorbate de potassium (Mansour et al. 1998; Mansour et al. 1999).

2. 1. 2. 1. Utilisation de la nisine en combinaison avec le traitement thermique

La nisine a une grande influence sur la résistance thermique des microorganismes. En effet, la présence de la nisine dans le lait a permis de réduire le temps de la réduction D de *B. cereus* jusqu'à 40% sur une gamme de température de 80 à 100°C, (Penna and Moraes, 2002). De même, la valeur apparente D de *B. stearothermophilus* à 130°C a été réduite jusqu'à 21% en raison de la présence de 4000 UI/ml de la nisine (Wandling et al. 1999). Ceci permet de déduire que l'utilisation de la nisine en combinaison avec le traitement thermique augmente la durée de vie du lait, même si les conditions de réfrigération ne sont pas bien respectées. Elle rend possible la substitution du traitement thermique conventionnel par des traitements plus doux et, par conséquent, une meilleure qualité sensorielle. Rao et Mathur (1996) ont indiqué que la destruction des spores de *B. stearothermophilus* peut être réalisée à 121°C pendant 5 min en présence de 500 UI/mg de la nisine. Dans une étude détaillée, un lait, contenant 40UI/ml de la nisine et traité à 72°C pendant 15s, a montré une augmentation du maintien de ses qualités organoleptique et microbiologique pendant 7 jours par rapport au témoin. Elle a également montré un nombre significativement plus faible de *Lactobacillus* lorsqu'il est conservé à 10°C (Wirjantoro and Lewis, 1996). De même, une étude ultérieure a montré qu'aucune croissance microbienne n'a pu être détectée dans le lait traité simultanément avec la nisine (75-150 UI/ml) et la chaleur (117°C pendant 2s) après stockage à 10 ou 20°C pendant un an. En outre, le lait traité de cette manière a été facilement distinguable et comparable à un lait UHT (Wirjantoro et *al.* 2001).

2. 1. 2. 2. Utilisation de la nisine en combinaison avec la pression hydrostatique

Le traitement sous pression peut également améliorer l'efficacité de la nisine pour inactiver certaines spores en augmentant la perméabilité de leur membrane après le processus de germination. Par exemple, le nombre des spores de *B. cereus* dans le fromage traditionnel a été considérablement réduit lorsque l'addition de la nisine a été suivie par deux cycles du traitement par la pression, un cycle pour induire la germination et un deuxième pour détruire les cellules germées (Lopez-Pedemonte et *al.* 2003). Une autre approche a été également utilisée ; l'application de la nisine et la haute pression en combinaison pour détruire directement les spores. Par exemple, le taux d'inactivation des spores de *C. perfringens* a été plus important (6,8log) après un traitement sous pression à 600 MPa et 65°C pendant 12 min en présence de la nisine (496 UI / ml) qu'après ce même traitement mais sans l'addition de la nisine (2,5log) (Gao et *al.* 2011). Black et ses collaborateurs (2008) ont montré que la viabilité des spores de *B. subtilis* dans le lait et dans le tampon phosphate a été réduite jusqu'à 2,5log après un traitement sous pression à 500 MPa/40°C, tandis que l'ajout de la nisine (500 UI/ml) avec ce même traitement donne une réduction de 5,7 et 5,9log dans le tampon et dans le lait respectivement. De plus, le traitement à 500 MPa pendant 5 min en présence de 500 UI/ml de la nisine a été utilisé pour détruire complètement certaines bactéries pathogènes comme *Pseudomonas fluorescens*, *Escherichia coli* et *Listeria innocua*. Il réduit le nombre initial des bactéries jusqu'à 8,3log, alors que ces traitements (pression et nisine), lorsqu'ils ont appliqué séparément, ont produit une diminution de 3,8 et 1,5log respectivement (Black et *al.* 2005).

Deux hypothèses peuvent expliquer la synergie entre la pression et la nisine. Premièrement, la formation des pores dans la membrane bactérienne par la nisine (Moll et *al.*1997) pourrait accroître la sensibilisation des microorganismes à la pression locale par l'immobilisation des phospholipides (Steeg et *al.*1999). Deuxièmement, l'effet synergie a été attribué à l'effet de la perméabilisation provoquée par la pression de la paroi cellulaire et/ou des couches externes membranaires des microorganismes à Gram-négatif. Celle-ci peut faciliter par la suite l'accès des bactériocines à la membrane cytoplasmique (Hauben et *al.* 1996).

Les mécanismes impliqués dans la perméabilisation de la membrane bactérienne et sa sensibilisation par la suite par la nisine semblent dépendre de plusieurs paramètres tels que la pression et la durée du traitement. Diels et ses collaborateurs (2005) ont étudié l'effet de la nisine sur la destruction d'*E. coli* par un faible niveau de pression et à courte durée du traitement. Ils ont conclu que la membrane extérieure a été perméabilisée transitoirement. Ce phénomène ne s'est produit que dans une gamme de pression entre 150 et 300 MPa par des dommages mécaniques, plutôt que des dommages physiologiques ou métaboliques. Par conséquent, la partie extérieure de la membrane a été immédiatement réparée après le traitement.

2. 1. 2. 3. Utilisation de la nisine en combinaison avec les antimicrobiens

L'utilisation de la nisine en combinaison avec d'autres bactériocines comme la monolaurine et le sorbate de potassium peut induire une sensibilisation importante des bactéries pathogènes et des spores bactériennes que celle obtenue en présence d'un seul antimicrobien.

La monolaurine, le monoester d'acide laurique, a reçu une attention particulière en raison de ses propriétés antimicrobiennes (Wang and Johnson, 1997), qui peuvent être intensifiées en combinaison avec la nisine. La combinaison de la monolaurine avec la nisine a été trouvée efficace dans l'inactivation des spores de *B. licheniformis* dans le lait (Mansour et *al*. 1999). En outre, la combinaison des ces deux composés a exercé une activité bactéricide en induisant une inhibition totale vis-à-vis de certaines espèces de *Bacillus* (*B. licheniformis, B. cereus, B. coagulans* et *B. subtilis*) dans le lait écrémé, et aussi a inhibé leur sporulation (Mansour and Millière, 2001).

L'acide sorbique et son sel de potassium, sont également du statut GRAS. Ils sont autorisés aux Etats-Unis dans tous les produits alimentaires nécessitant l'ajout des conservateurs (Liewen and Marth, 1984). Le sorbate de potassium est la forme la plus largement utilisée dans les aliments en raison de sa stabilité, sa facilité de fabrication et sa solubilité dans l'eau (Lueck, 1990). Il est le plus efficace dans l'inhibition des levures et des moisissures. De nombreuses bactéries ont été inhibées par ce composé comme les bactéries pathogènes (*S. typhimurium, E. coli, L. monocytogenes* et *St. aureus*) et les spores de *Bacillus* et *Clostridium* trouvées dans les produits alimentaires (Oleyede and Scholefied, 1994 ; Sofos and Busta, 1993). La combinaison de la nisine avec le sorbate de potassium a été utilisée par Mansour et ses collaborateurs (1998) pour réduire les nombres de spores de *B. licheniformis* dans le lait.

2. 2. Inactivation des spores par des traitements non thermiques

Bien que les traitements thermiques courants puissent inactiver les bactéries indésirables, ils causent des changements dans la qualité sensorielle, nutritionnelle et/ou les propriétés technologiques des produits alimentaires en particulier le lait. A cet égard, l'utilisation des traitements non thermiques permet l'inactivation de microorganismes avec un impact minimal sur la qualité et les facteurs nutritionnels. Parmi les traitements non thermiques, l'application de la HP a reçu une attention particulière en raison de son utilisation potentielle dans le traitement des aliments liquides. L'haute pression qui est parfois appelée «Pasteurisation à froid» (Hoover, 1997) est une des nombreuses alternatives méthodes au traitement thermique. Elle peut donner une réponse à la demande croissante des consommateurs d'obtenir des produits alimentaires frais et peu transformés. Le traitement sous pression de 100 à 1000 MPa permet la préservation des aliments sans modifier leurs qualités organoleptique et microbiologique. De plus, il a un effet comparable à la préservation par le traitement thermique (Buzrul et *al.* 2007). Les pressions utilisées dans les systèmes commerciaux sont généralement comprises entre 400 et 700 MPa.

L'utilisation de la pression hydrostatique dans le domaine de sciences et technologie des aliments a été testée pour la première fois par Hite en 1899 (Hite, 1899). Il avait démontré qu'après un traitement sous pression à 600 MPa pendant une heure, à température ambiante, la durée de vie du lait a été prolongée de 4 jours. Toutefois, il a fallu près d'un siècle avant la première exposition des aliments transformés sous haute pression (confiture) sur le marché Japonais en 1990 par la société Meidi-ya. Depuis, la recherche sur la HP a été appliquée sur plusieurs produits alimentaires comme le lait et certains jus de fruits (Hayakawa et *al.* 1994; Palou et *al.* 1997 ; Buzrul and Alpas, 2004; Buzrul et *al.* 2005). En plus, les effets de la pression sur les composants alimentaires et sur les microorganismes ont été étudiés et examinés par plusieurs auteurs (Balny and Masson, 1993; Cheftel, 1995; Knorr, 1999 ; Oh and Moon, 2003 ; Minh et *al.* 2010).

2. 2. 1. Effet de la pression hydrostatique sur les matrices alimentaires

Les effets de la HP sur la composition des matrices alimentaires à savoir l'eau, les protéines, les enzymes, l'amidon et les lipides sont ici décrits.

La HP modifie principalement les interactions hydrophobes et électrostatiques que l'on rencontre dans les macromolécules (protéines, acides nucléiques et polymères glucidiques) (Balny and Masson, 1993). En plus, elle est capable d'affecter la structure des protéines au niveau secondaire, tertiaire et quaternaire conduisant à une dénaturation protéique (Lullien-

Pellerin and Balny, 2002). Puisque la dénaturation est associée à un changement de conformation, les fonctionnalités de l'enzyme peuvent être affectées. Dans ce cas, le traitement par hautes pressions a un effet négatif : il faut donc prendre en considération le niveau de pressurisation.

Les vitamines se divisent en deux groupes ; les vitamines liposolubles comprenant les vitamines A, D, E, F et K ; et les vitamines hydrosolubles comprenant les vitamines du groupe B (B_1, B_2, B_3, B_5, B_6, B_8, B_9 et B_{12}) et la vitamine C. Les vitamines sont de petites molécules pauvres en liaisons de faible énergie. Elles ont souvent une durée de vie très courte. Ces petites molécules ne sont pas touchées par le traitement sous pression (Cheftel, 1991). Le traitement par hautes pressions étant beaucoup plus doux que le traitement thermique, il ne détruit pas les liaisons covalentes au sein des molécules (seules les liaisons de faible énergie sont détruites) (Polydera et al. 2003). Par exemple, on peut retenir que les vitamines hydrosolubles comme les vitamines B_1, B_6 et C sont affectées par le traitement hautes pressions (Sancho et al. 1999).

Les propriétés physicochimiques de l'eau sont modifiées sous pression. Par exemple, la compressibilité de l'eau augmente avec la pression, mais elle reste toutefois relativement faible. La diminution du volume atteint 4% à 100 MPa pour une température de 20°C et 15% à 600 MPa pour une température de 22°C (Hayashi, 1991). Les liaisons hydrogènes sont affaiblies lors de l'augmentation de la pression. Ce comportement propre à l'eau se déroule à des faibles pressions jusqu'à 200 MPa. Au delà de cette pression, l'eau a un comportement classique puisque les liaisons hydrogènes sont renforcées (Cavaille et al. 1996).

2. 2. 2. Effet de la pression sur les microorganismes

La résistance des microorganismes à la pression est extrêmement variable. En général, les cellules végétatives dans la première phase de croissance ou en phase exponentielle sont plus sensibles que les cellules en phase stationnaire ou en dormance. Les bactéries à Gram-négatif sont plus sensibles à la pression que les bactéries à Gram-positif (Alpas et al. 1999; Knorr, 1999; Alpas and Bozoglu, 2000). La sensibilité des bactéries à Gram-négatif est attribuée à leur manque d'acide téichoïque qui est responsable de la rigidité de la paroi cellulaire des bactéries à Gram-positif (Alpas et al. 2000). Dans la plupart des cas, à des températures ambiantes, il est nécessaire d'appliquer des pressions supérieures à 200 MPa afin d'induire l'inactivation des cellules microbiennes végétatives. Par exemple, les cellules végétatives de levures et de moisissures sont inactivées par un traitement sous pression entre 200 et 300 MPa. Ainsi, le degré d'inactivation dépend de plusieurs paramètres comme le type de microorganismes, le niveau de la pression, la température au cours du traitement, la durée du traitement et la composition du milieu.

En général, les hautes pressions affectent les microorganismes en induisant (i) des modifications des membranes cellulaires, qui sont l'une des principales causes de mortalité bactérienne (Ludwig, 2002), (ii) des modifications de la morphologie des cellules conduisant à des élongations des cellules, (iii) des pertes de mouvements pour les microorganismes voués à se déplacer, (iv) des éclatements de certaines vacuoles intracellulaires. De plus, des changements mineurs de certaines réactions biochimiques, au sein des cellules vivantes, peuvent aussi jouer un rôle dans l'inactivation bactérienne. Par exemple, les molécules d'eau et d'acides sont plus ionisées sous pression ; le pH de l'eau ainsi que celui des solutions tampons diminuent de façon réversible de 0,2-0,3 unités pour 100 MPa, ce qui s'ajoute aux effets de la pression sur les microorganismes. La pression joue aussi un rôle dans la disponibilité de l'énergie au sein des cellules car elle affecte les réactions biochimiques chargées de produire de l'énergie (Barbosa-Canovas and Rodriguez, 2002). Elle peut aussi affecter certaines réactions moléculaires comme l'expression génétique et la synthèse protéique lorsqu'elle est appliquée à un niveau entre 30 et 50 MPa (Smelt, 1998).

2. 2. 3. Effet de la pression hydrostatique sur les spores

Les spores bactériennes sont très résistantes à la chaleur, aux radiations, aux produits chimiques et à la pression. En plus, les spores bactériennes de certaines espèces peuvent survivre après un traitement sous pression supérieur à 1000 MPa lorsque la température ne dépasse pas 25°C, tandis que les spores des levures et des moisissures sont facilement inactivées par un traitement sous pression de l'ordre de 300 MPa (*Aspergillus oryzae*) ou 400 MPa (*Rhizopus javanicus*) à température ambiante. Les spores bactériennes sont plus résistantes à la HP que les cellules végétatives (San Martin et *al.* 2002). Cette résistance est due à la protection des spores par le DPA contre l'ionisation excessive et la solvatation qui sont responsables de la mort cellulaire (Alpas et *al.* 2000). L'inactivation des spores peut être achevée par la combinaison du traitement sous pression avec des températures supérieures à 40°C (Oh and Moon, 2003; Kalchayanand et *al.* 2004; Gao et *al.* 2006). Bien que la température soit rapportée pour augmenter l'efficacité de la HP dans l'inactivation des spores, cette dernière dépend d'autres facteurs comme la température initiale, le chauffage adiabatique, le pH, le niveau de la pression et la durée du traitement (Torres and Velazquez, 2005). Cependant, il est connu que la résistance des spores bactériennes est faible lorsque la germination est amenée à mettre fin à la dormance des spores. Par conséquent, des études récentes ont été principalement axées sur l'inactivation des spores bactériennes soit par leur germination avant l'inactivation subséquente de toutes les spores germées (Lopez et al. 2003 ; Opstal et al. 2004), soit par leur destruction directe par divers procédés comme l'utilisation de la pression en combinaison avec la température ou les additifs alimentaires (Gao et al. 2006 ; Black et al. 2008 ; Gao and Ju, 2011).

2. 2. 4. Facteurs affectant la sensibilité des spores à la pression hydrostatique

La HP n'est pas différente d'autres méthodes de conservation physique dans le sens où son efficacité contre les microorganismes est influencée par différents facteurs. Ceux-ci interagissent pour contribuer à un effet létal et assurer la sécurité microbiologique et la qualité des aliments traités sous pression (Patterson, 2005). En effet, parmi les facteurs qui interagissent avec la pression on trouve la température, le pH et la présence des additifs alimentaires dans le milieu.

2. 2. 4. 1. Effet de la température

La température durant l'application du traitement sous pression a un effet significatif sur l'inactivation de bactéries. San Martin et ses collaborateurs (2002) ont montré que les niveaux très élevés de pression (1000 MPa), à température ambiante, ne sont pas efficaces pour inactiver les spores bactériennes, mais cela peut être réalisé par la combinaison de la HP avec des températures supérieures à 40°C (Oh and Moon, 2003; Kalchayanand et al. 2004; Ju et al. 2008). Des études antérieures ont révélé que la combinaison de la HP avec la température modérée est toujours nécessaire pour inactiver efficacement les spores d'espèces de *Bacillus* à savoir *B. anthracis* (Cléry-Barraud et al. 2004), *B. cereus* (Opstal et al. 2004; Kannapha et al. 2008), *B. subtilis* (Gao et al. 2006; Minh et al. 2010) et même pour les espèces de *Clostridium* (Mills et al. 1998 ; Kalchayanand et al. 2004). Par exemple, le taux d'inactivation des spores de *B. anthracis* a été plus important (4,4log) après un traitement à 280 MPa et 45°C qu'après un traitement à 500 MPa et 20°C (1log) (Cléry-Barraud et al. 2004). Mills et ses collaborateurs (1998) ont montré que les spores de *C. sporogenes* étaient résistantes à la HP, un traitement de 600 MPa pendant 30 min à 20°C ne cause aucune inactivation significative. Tandis que la combinaison de la température modérée (60°C) avec la pression (600 MPa pendant 30 min) a entraîné une réduction de 3log du nombre initial des spores.

Généralement, l'inactivation des spores, soit par haute pression ou par la combinaison de la pression avec la température, est en partie attribuable à la germination (Clouston and Wills, 1969; Raso et al. 1998a; Mathys et al. 2007). Les mécanismes d'induction de la germination par la HP ont été étudiés par plusieurs auteurs (Wuyatck et al. 1998 ; Wuyatck et al. 2000 ; Paidunghat and Setlow, 2002) (Section germination). Ardia (2004) a étudié l'effet de la pression et de la température sur l'inactivation des spores de façon indépendante et discuté leurs mécanismes. L'auteur a comparé le comportement des enzymes lytiques (CLEs) des spores traitées et non traitées par la HP (Figure 6). Il suppose que les CLEs qui catalysent la rupture du cortex et ainsi l'accès de l'eau au cœur des spores sont instable dans une certaine gamme de pression et de température (condition (p-T)$_1$). Lors de cette étape, la température induit le processus d'inactivation et l'augmentation de la pression n'a pas de conséquence. Le principal effet de la pression est de compresser l'eau à l'intérieur du cortex des spores. Sans CLEs actif, le cortex des spores ne peut pas être réhydraté et ensuite inactivé par la pression supérieure à 800 MPa (condition (p-T)$_2$) (Ardia, 2004).

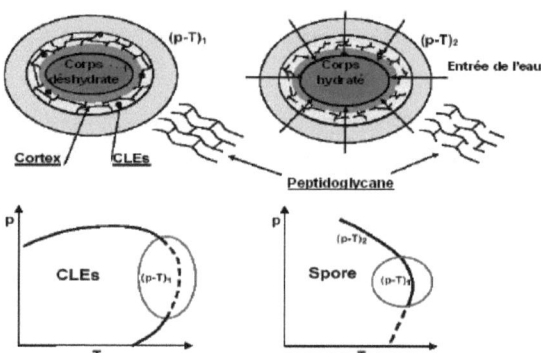

Figure 6 : Mécanismes hypothétiques de l'inactivation des spores par la pression hydrostatique et la température (Ardia, 2004).

Margosch et ses collaborateurs (2004) ont traité les spores de *B. licheniformis, B. subtilis* et *B. amyloliquefaciens* par une gamme de pression allant de 200 à 800 MPa et celle de températures allant de 60 à 80°C dans la purée de carottes. Leurs résultats suggèrent qu'à une pression comprise entre 600 et 800 MPa et à une température supérieure à 60°C, le DPA est libéré à partir des spores, principalement par un processus physico-chimique plutôt que physiologique, pour aboutir au DPA-libre. Ces spores après la libération du DPA sont inactivées par la chaleur modérée indépendante du niveau de la pression.

La comparaison entre les spores résistantes à la pression et à la température montre que les spores bactériennes extrêmement résistantes à la pression sont aussi résistantes à la chaleur mais il n'existe aucune relation entre les deux (Nakayama et *al*. 1996).

2.2.4.2. Effet de la composition du milieu

Les constituants du milieu du traitement tels que les glucides, les protéines et les lipides peuvent avoir un effet protecteur des microorganismes vis-à-vis du traitement sous pression (Simpson and Gilmour, 1997). Généralement, certains produits alimentaires comme le lait offre un effet protecteur aux cellules végétatives contre la pression (Hauben et *al*. 1996; Black et *al*. 2007a). Mais, l'effet protecteur de la matrice alimentaire sur les spores varie d'une étude à une autre. Par exemple, Opstal et ses collaborateurs (2004) ont détecté une réduction plus importante du nombre initial de spores de *B. cereus*, après un traitement à 300 ou 600 MPa, dans le lait que dans le tampon phosphate. D'autres milieux comme la viande (Moerman et *al*. 2001) ou le crabe (Reddy et *al*. 2003; Reddy et *al*. 2006) n'ont pas un effet protecteur sur les spores. Alors que Kannapha et ses collaborateurs (2008) ont montré que la viande de crabe avait un effet protecteur sur les spores de *B. cereus* en comparaison à celles suspendues dans l'eau distillée traitées à 550 MPa/40°C pendant 15 min. Timson et Short (1965) ont constaté que les spores de *B. subtilis* ont été protégées contre les effets de la pression par le glucose et le NaCl. L'addition de saccharose (Taki et *al*. 1991 ; Raso et *al*.1998b) ou de glycérol (Taki et *al*. 1991) augmente la résistance des spores à la HP. En plus, une faible a_w protège les microorganismes contre les effets de la HP (Oxen and Knorr, 1993; Palou et *al*. 1997).

2.2.4.3. Effet du pH

L'utilisation d'un faible pH en combinaison avec la température et la HP peut agir en synergie conduisant à une inactivation microbienne importante (Zipp and Kauzmann, 1973). Différents auteurs ont montré qu'il existe une dépendance forte de l'inactivation de spores au cours du traitement thermique vis-à-vis du pH (Alderton et *al*. 1976; Cameron et *al*. 1980; Hutton et *al*. 1991). Cette même dépendance a été aussi observée pendant l'inactivation par la HP (Clouston and Wills, 1969). Timson et Short (1965) ont observé une destruction élevée des spores de *B. subtilis* à pH 6 comparé à pH 8. Les spores de *C. sporogenes* et *B. coagulans* sont également plus sensibles à l'inactivation par la HP (400 MPa) à pH 4 qu'à pH 7 (Roberts and Hoover, 1996; Stewart et *al*. 2000). Oh et Moon (2003) et Moon et Oh (2001) ont étudié l'influence du pH du milieu de sporulation et du milieu du traitement sous pression à diverses températures sur l'inactivation des spores de *B. cereus*. Ils ont rapporté que le pH de ces deux milieux a une influence sur la résistance des spores de *B. cereus*. Les spores de *B. cereus* obtenues par sporulation à pH 6 semblent être plus résistantes à l'inactivation par haute pression ($\geq$ 300 MPa) à 20, 40 et 60°C que celles obtenues par sporulation à pH 7 et 8. Lorsque la température du traitement augmente de 20 à 40°C, l'effet du pH sur l'inactivation est considérablement augmenté. Smelt (1998) a montré aussi qu'à des pressions plus de 1000 MPa, les spores sont tuées plus rapidement à des faibles valeurs du pH.

2. 2. 4. 4. Effet des additifs alimentaires

Les additifs alimentaires peuvent avoir des effets variables sur la résistance microbienne à la pression. Plusieurs antimicrobiens ont été utilisés en combinaison avec la HP pour inactiver les bactéries pathogènes et les spores bactériennes. La nisine, le lysozyme, la pédiocine, la lacticine 3147 et la lactoferrine bovine ont considérablement amélioré la destruction des bactéries à Gram-positif et Gram-négatif par la HP dans le lait écrémé, le lactosérum et les tampons (Kalchayanand et *al*. 1994; Hauben et *al*. 1996; Kalchayanand et *al*. 1998; Morgan et *al*. 2000; Masschalck et *al*. 2001; Ray, 2001). Le niveau élevé d'inactivation observé en présence de la combinaison de la HP avec les agents antimicrobiens a été du à la déstabilisation de la membrane bactérienne (Kalchayanand et *al*. 1994; Masschalck et *al*. 2001; Ray, 2001). Le dommage de la membrane provoqué par la HP peut augmenter la pénétrabilité des cellules et l'activité des agents antimicrobiens, tandis que, le traitement de la paroi cellulaire avec ces agents affaiblit la sensibilité à la pression des bactéries résistantes à la HP (Earnshaw et *al*. 1995).

La destruction des spores bactériennes par la HP est augmentée en présence de composés antimicrobiens tels que la nisine et le laurate de saccharose (Roberts and Hoover, 1996; Shearer et *al*. 2000). Shearer et ses collaborateurs (2000) ont évalué les effets inhibiteurs de conservateurs chimiques (les esters de saccharose d'acides gras comme le laurate de saccharose, le palmitate de saccharose, le sucrose stéarate, et les monoglycérides à savoir la monolaurine ou lauricidin) en combinaison avec la HP et la température modérée sur les spores de *Bacillus* dans différentes matrices alimentaires. Les bactéries utilisées dans cette étude sont *B. subtilis* 168 dans le lait, *B. cereus* 14579 dans le boeuf, *Alicyclobacillus sp* N1098 dans le jus de pomme, *B. coagulans* 7050 et *Alicyclobacillus sp*. N1089 dans le jus de tomate. Les auteurs ont constaté que les spores de *B. cereus* 14579 sont moins résistantes au laurate de saccharose que celles de *B. subtilis* 168 et 6051. Lorsque le laurate de saccharose a été utilisé en conjonction avec la pression et la température modérée, un supplément de 1log de réduction du nombre initial des spores a été observé par rapport à l'utilisation de la HP et la température seule. Le traitement combiné du laurate de saccharose (<1%) avec la pression 392 MPa à 45°C pendant 10 à 15 min a fourni des réductions de 3 à 5,5log du nombre initial des spores (10^6 UFC/ml) de *B. subtilis* 168 dans le lait, *B. cereus* 14579 dans le boeuf, *Alicyclobacillus sp* N1098 dans le jus de pomme, *B. coagulans* 7050 et *Alicyclobacillus sp*. N1089 dans le jus de tomate.

III. Bactéries aérobies sporulées thermorésistantes contaminant le lait

1. Microbiologie de différents types du lait

De fait de sa composition physico-chimique, le lait est un excellent substrat pour la croissance microbienne. Il contient toujours un nombre variable de cellules qui correspondent, soit à des constituants normaux comme les globules blancs, soit à des éléments d'origine exogène comme les microorganismes contaminant à savoir les bactéries, les moisissures et les levures. Les bactéries ont une place prédominante dans l'ensemble des problèmes microbiologiques et des produits laitiers. Les levures et les moisissures intéressent surtout la fromagerie. Dans notre étude, nous nous intéressons aux bactéries aérobies sporulées dont le lait et la plupart des produits laitiers. Ce sont des milieux très favorables à leur prolifération rapide car ils contiennent les nutriments indispensables (minéraux, vitamines, azote, carbone, oxygène).

1. 1. Lait cru

Le lait cru est un lait qui n'a subi aucun traitement thermique puisqu'il sort du pis de la vache à 38 - 38,5°C. Il contient une flore microbienne originelle, ce n'est donc pas un produit stérile mais il contient peu de bactéries (moins de 10^3 germes /ml) lorsqu'il est prélevé dans de bonnes conditions d'hygiène et à partir d'un animal sain. Ces microorganismes sont essentiellement saprophytes du pis ou des canaux galactophores de l'animal. Le lait cru peut toutefois contenir des germes pathogènes pour l'homme lorsqu'il provient d'un animal malade, souffrant d'une infection généralisée ou de mammite. Différentes bactéries peuvent alors être présentes comme les streptocoques, les staphylocoques, les salmonelles, les listeria ou les bacilles (Guiraud, 2003). Heyndrickx et Scheldeman (2002) ont donné un aperçu sur la flore psychrotrophe, thermophile et mésophile aérobie sporulée dans le lait cru et à plusieurs étapes de la transformation du lait. Le nombre des bactéries sporulées dans le lait varie selon les saisons avec généralement une incidence plus élevée était observée dans la période hivernale, lorsque les vaches sont logées à l'intérieur (Sutherland and Murdoch, 1994). Généralement, le nombre moyen des spores est de l'ordre de 10 à 10^2 UFC/ml (Waes, 1976; Te Giffel et *al.* 2002). Bien que certaines différences régionale, saisonnière et méthodologique, de tendances générales dans la composition de la flore des bacilles peuvent être observées. *B. licheniformis*, *B. pumilus* et *B. subtilis* constituent généralement les espèces mésophiles sporulées les plus dominantes (Phillips and Griffiths, 1986; Lukasova et *al.* 2001). *B. cereus* est souvent la plus commune espèce psychrotrophe trouvée dans ce produit, en particulier dans la période estivale (Phillips and Griffiths, 1986).

La durée de la conservation du lait cru est courte car le développement microbien est possible en quelques jours. Il possède, en outre, un grave danger potentiel : celui de la transmission de germes pathogènes (Guiraud, 2003). En effet, il existe plusieurs sources de contamination de ce produit. En 1976, Waes a montré que la mamelle et le pis sont considérés parmi les facteurs les plus importants de la contamination du lait cru par les spores puisqu'ils sont en contact direct avec le sol. Plus tard en 1989, Stadhouder et Spoelstra ont présenté la chaîne de la contamination du lait par les bactéries sporulées qui débute par le sol puis le fourrage, l'appareil digestif, les bouses, les pis et finit à la mamelle. En 1998, Demarquilly a démontré que même avec une bonne hygiène de la traite, on peut trouver le même nombre des germes totaux dans le lait cru mais la contamination du lait en spores dépend de l'alimentation des vaches puisque cette dernière est importante si l'ensilage distribué est riche en spores.

En résumé, la contamination du lait peut avoir plusieurs origines : les fèces, les téguments de l'animal, le sol, les litières, l'aliment, l'air, l'eau, l'équipement de la traite, le stockage du lait et le manipulateur (Guiraud, 2003).

1. 2. Lait pasteurisé

Le lait pasteurisé est obtenu après un traitement à 61-66°C pendant 30 min ou par un flash de pasteurisation à 71,7°C pendant au moins 15s (mais en général 30-40s). La pasteurisation permet la destruction de la plupart des formes végétatives (95 à 97 %) et tous les germes pathogènes non sporulés, mais les spores persistent. Comme le lait pasteurisé doit être stocké à basse température, les psychrotrophes sporulés sont particulièrement dominants. La présence de ces germes surtout les spores de *B. cc ereus* qui sont responsables des intoxications d'origine alimentaire après leur germination provoque de nombreux défauts des caractéristiques organoleptiques du lait par leurs activités enzymatiques (Heyndrickx and Scheldeman, 2002).

1. 3. Lait stérilisé

Dans le lait UHT, obtenu après un traitement à une température très élevée (140 à 150°C) pendant 2 à 5s et conditionné de manière aseptique ou entièrement stérilisé, pratiquement tous les microorganismes sont détruits y compris les spores. De même pour le lait stérilisé qui est obtenu par un préchauffage de 10 à 60s à 120-135°C suivie d'une stérilisation après un conditionnement à 110-120°C pendant 10-20 min. Ces deux produits sont "commercialement stériles" et ont une longue durée de vie (plus de 6 mois) sans réfrigération. Selon les exigences légales établies par la communauté européenne (CE) (directive 92/46), le nombre des bactéries mésophiles dans les emballages du lait stérilisé non ouverts après 15 jours d'incubation à 30°C doit être inférieur à 10 UFC/0,1 ml (Anonyme, 1992). Cependant, la présence des bactéries aérobies sporulées (incluant *B. sphaericus*, *B. licheniformis* et *Br. brevis*) au-dessus du niveau de la directive de CE a été trouvée dans 30% d'échantillons du lait UHT produit en Sardinia (Cosentino et *al.* 1997). De plus, pendant ces dernières décennies, un problème concernant la stérilité de ce produit a été rapporté (Hammer et *al.* 1995; Klijn et *al.* 1997; Guillaume-Gentil et *al.* 2002). Cette non-stérilité semble être causée par la présence des spores bactériennes fortement résistantes au traitement UHT.

2. Bactéries thermorésistantes
2. 1. Contamination du lait UHT et du lait stérilisé

Les contaminations massives des lots commerciaux du lait UHT et du lait stérilisé avec une bactérie mésophile aérobie sporulée ont d'abord été rapportées en Italie et en Autriche en 1985 et également en Allemagne en 1990 (Hammer et *al.* 1995). Ce micro-organisme a été provisoirement appelé les HRS (les sporulées fortement thermorésistantes). Contrairement à la contamination du lait avant le traitement thermique, ce problème noté dans le lait stérilisé semble être causé par la survie de ces germes après le traitement thermique. Actuellement, ce problème est répandu dans plusieurs pays dans le monde (Hammer et *al.* 1995; Guillaume-Gentil et *al.* 2002).

Ces microorganismes ont été taxonomiquement décrits comme une nouvelle espèce appelée *B. sporothermodurans* (sporos = graine, *thermos* = chaude, durans = résistante) (Pettersson et *al.* 1996) qui appartient au : **(i)** règne de procaryote, **(ii)** phylum de Furmicutes, **(iii)** classe de Bacilli, **(iv)** Ordre de Bacillales, **(v)** Famille de Bacillaceae, **(vi)** genre de *Bacillus*.

Divers produits ont été touchés par cette bactérie à savoir le lait entier, le lait écrémé, le lait évaporé, le lait UHT reconstitué, le chocolat au lait et le lait en poudre dans différents pays (Hammer et *al.* 1995; Klijn et *al.* 1997).

2. 2. Bacillus sporothermodurans

Bacillus sporothermodurans est une bactérie aérobie mésophile à Gram-positif (Pettersson et *al.* 1996). Elle est capable de produire des endospores hautement résistantes qui peuvent s'échapper au traitement de stérilisation classique ou traitement à haute température (Pettersson et *al.* 1996; Herman et *al.* 1998). Elle est apparue comme de petites colonies sur la boite de pétri incuber à 30°C. Elle se multiplie à son maximum jusqu'à 10^5 UFC/ml dans le lait après un stockage pendant 5 jours à 30°C (Hammer et *al.* 1995). Elle peut contaminer plusieurs produits alimentaires autres que le lait et ses produits, à savoir le fourrage et les cultures vertes comme l'ensilage et le maïs vert. Ces derniers présentent une source principale de la contamination du lait cru par ces spores (Scheldman et *al.* 2005). Cette bactérie n'affecte pas le pH et la stabilité du lait mais causent des altérations organoleptiques (odeur, saveur, couleur) (Klijn et *al.* 1997). Cependant, son niveau de contamination dépasse le critère de la stérilité du lait (10 UFC/0,1ml) exigé par la réglementation de CE (Anonyme). En fait, des charges microbiennes excédant 10^5 UFC/ml de cette bactérie ont été observées dans 37% des laits UHT contaminés en Italie (Montanari et *al.* 2004). En dépit de ses pauvres caractéristiques de croissance dans le lait, le lait UHT, peut être considéré comme la principale niche écologique pour cette espèce en raison de l'absence de la concurrence provenant d'autres espèces dans ce produit.

2. 2. 1. Origines de contamination du lait par *Bacillus sporothermodurans*

Une première source de la contamination du lait par les spores de *B. sporothermodurans* a été recherchée à partir du lait cru. Le faible niveau de la contamination par ces spores a été trouvé dans le lait cru en utilisant la méthode de la détection décrite par Herman et ses collaborateurs (1997) (HRS-PCR) (Herman et *al.* 2000). Bien que cette dernière soit plus spécifique pour les isolats du lait UHT, une souche isolée du lait cru après un traitement de 30 min à 100°C a été identifiée par cette méthode comme une souche appartenant à l'espèce de *B. sporothermodurans* (Scheldeman et *al.* 2002). Au niveau des exploitations laitières, les spores de *B. sporothermodurans* ont été occasionnellement isolées des aliments concentrés, de l'ensilage, du soja et du compost (De Silva et *al.* 1998; Vaerewijck et *al.* 2001; Scheldeman et *al.* 2002; Zhang et *al.* 2002). Les plupart des isolats ont été obtenus à partir des aliments concentrés à des températures d'incubation allant de 20 à 55°C mais la majorité à 37°C (Scheldeman et *al.* 2002). En plus, De Silva et ses collaborateurs (1998) ont montré que sur huit bactéries aérobies sporulées isolées du fourrage traité par la chaleur une a été identifiée comme *B. sporothermodurans*. Cela indique que les aliments concentrés sont la source primaire de la contamination du lait par cette bactérie. Cependant, il faut noter que la présence de *B. sporothermodurans* à la ferme est relativement rare, puisque seulement 17 isolats de cette espèce ont été obtenus sur une collection totale d'environ 700 souches potentiellement très résistantes à la chaleur. Enfin, la contamination pourrait aussi résulter de retraitement des lots contaminés du lait UHT dans l'usine laitière ou du traitement des laits en poudre contaminés (Hammer et *al*. 1995; Herman et *al*. 1998).

2. 2. 2. Isolement et identification de *Bacillus sporothermodurans*

Le milieu le plus favorable pour **l'isolement** de *B. sporothermodurans* du lait UHT ou du lait stérilisé est le milieu Brain Heart Infusion (BHI) supplémenté par la vitamine B_{12} et incubé à 37°C. L'isolement de *B. sporothermodurans* du lait cru ou d'autres sources agricoles n'est pas évident en raison de la microflore endogène concurrentielle élevée. La meilleure méthode de sélection de cette espèce, à partir du lait cru, se fait soit par la méthode d'autoclavage de l'échantillon pendant 5 min, soit par chauffage directe de l'échantillon à 100°C pendant 30 à 40 min pour réduire la microflore compétitive du lait (*B. licheniformis*, *B. subtilis*, *B. cereus*) et augmenter la sensibilité de la détection de *B. sporothermodurans* (Klijn et *al*. 1997; Sheldeman et *al*. 2006). Ce traitement thermique augmente la sensibilité de la détection de ces bactéries dans le lait cru 100 fois par rapport à un traitement à 80°C pendant 10 min.

L'identification phénotypique de *B. sporothermodurans* est entravée par ses mauvaises caractéristiques de croissance et ses réactions négatives dans la pluspart des tests du système API (à l'exception de l'hydrolyse de l'esculine) (Pettersson et *al*. 1996). Par ailleurs, certains caractères positifs semblent être variables entre les souches et les études (Pettersson et *al*. 1996; Klijn et *al*. 1997; Montanari et *al*. 2004). Cette variabilité est probablement due à la différence dans les milieux de culture utilisés.

Phylogénétiquement, les souches de *B. sporothermodurans* ont montré une similarité élevée avec les souches des espèces de *B. oleronius*, *B. lentus*, *B. firmus* et *B. benzoevorans* (Pettersson et *al*. 1996; Scheldman et *al*. 2006). Toutefois, l'hétérogénéité de l'opéron pourrait entraîner des difficultés dans la lecture directe de résultats du séquençage des régions V_1 et V_2 de l'ARNr 16S des gènes de *B. sporothermodurans* (Pettersson et *al*. 1996; Klijn et *al*. 1997).

L'identification moléculaire des ces bactéries se fait par PCR (Polymerase chaine Reaction). Cependant, une détection de *B. sporothermodurans* par la méthode PCR avec des amorces dérivées d'une séquence d'ADN, obtenue après hybridation d'ADN de *B.*

sporothermodurans avec celui de *Bacillus* MB397, s'est révélée être spécifique pour un sous-ensemble de *B. sporothermodurans*. Ce dernier englobe tous les isolats du lait UHT (Herman et *al.* 1998; Guillaume-Gentil et *al.* 2002), et par conséquent cette méthode a été mentionnée comme HRS-PCR (Scheldeman et *al.* 2002). En effet, cette méthode de détection peut être utilisée en conjonction avec un prétraitement thermique de l'échantillon qui permet la sélection des germes fortement thermorésistants d'autres espèces de *Bacillus* (Herman et *al.* 1998). Une seconde méthode d'identification par PCR a également été développée par Scheldeman et ses collaborateurs (2002). La paire d'amorces (BSPO-R2/BSPO-F2) utilisée est déduite du gène codant pour l'ARNr 16S de *B. sporothermodurans*. Cette méthode permet non seulement l'identification des souches de *B. sporothermodurans* isolées du lait UHT mais aussi des celles isolées de produits laitiers et non-laitiers (Guillaume-Gentil et *al.* 2002).

Plusieurs méthodes du typage de *B. sporothermodurans* ont été utilisées comme la REP-PCR (Repetitive Extragenic Palindromic) avec séparation sur gel d'agarose (Klijn et *al.* 1997) ou sur gel de polyacrylamide (Herman et *al.* 1998) et le ribotypage (Guillaume-Gentil et *al.* 2002). A l'aide de ces deux méthodes, les auteurs ont montré que l'espèce *B. sporothermodurans* est une espèce hétérogène. Alors que Pettersson et ses collaborateurs (1996) ont considéré que *B. sporothermodurans* est une espèce homogène en se basant sur la méthode de la spectrométrie de masse.

2. 2. 3. Pouvoir pathogène de *Bacillus sporothermodurans*

Les recherches concernant la pathogénicité potentielle de *B. sporothermodurans* ont été réalisées dans un souci de protection du consommateur. Des études sur la pathogénicité des ces germes sur les souris et les œufs fécondés et des tests de toxicité sur différentes lignées cellulaires ont été réalisées. Aucune pathogénicité ou propriété toxique n'a été mise en évidence (Hammer et *al.* 1995).

2. 2. 4. Spores de *Bacillus sporothermodurans*

L'analyse des spores de *B. sporothermodurans* à l'aide de la méthode de microscopie électronique à transmission (TEM) a révélé une différence structurelle entre les spores de *B. sporothermodurans* isolées de diverses origines et de celles d'autres espèces de *Bacillus*. Les spores des souches isolées du lait UHT (*B. sporothermodurans* ou *Paenibacills lactis*) avaient des noyaux très denses et le cortex est relativement important. Les spores de *B. sporothermodurans* provenant du lait cru ont des noyaux proportionnellement plus importants par rapport à la taille du cortex et moins compacts que celui de *B. cereus* (Scheldeman et *al.* 2006).

Les études fondées sur la résistance thermique des spores de trois souches de *B. sporothermodurans* isolées du lait UHT non stérile et les spores de *B. stearothermophilus* à une gamme de température allant de 110 jusqu'à 145°C ont révélé que la valeur de D_{140} de *B. sporothermodurans* (3,4-7,9s) était plus élevée que celle de *B. stearothermophilus* (0,9 s) (Figure 7). De même, la valeur z de *B. sporothermodurans* (de 13,1 à 14,2°C) était plus élevée que celle de *B. stearothermophilus* (9,1°C) (Huemer et *al.* 1998).

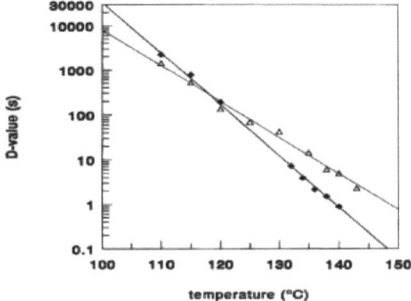

Figure 7 : Courbe thermique de spores de *G. stearothermophilus* (Δ) et de *B. sporothermodurans* J16B (▲) (Huemer et *al.* 1998).

Huemer et ses collaborateurs (1998) ont également signalé que la thermo-résistance d'une culture mère des spores de *B. sporothermodurans* était deux fois plus élevée que celle des spores obtenues après repiquages 10 fois successives, indiquant qu'il y a une perte de la résistance naturelle à la chaleur des spores cultivées au laboratoire.

2. 3. Autres bactéries thermorésistantes

Outre *B. sporothermodurans*, quelques autres espèces sporulées ont également été signalées comme des contaminants directs ou indirects du lait UHT ou du lait stérilisé par la production de spores fortement résistantes à la chaleur comme *B. stearothermophilus* (Rombaut et *al.* 2002), *Brevibacillus brevis* et/ou *Br. borstelensis* (de Silva et *al.* 1998; Rombaut et *al.* 2002), *B. sphaericus*, *B. licheniformis* (Cosentino et *al.* 1997) et *Paenibacills lactis* (Scheldeman et *al.* 2004). La production de spores d'haute résistance à 120-121°C est bien connu pour *G. stearothermophilus* (Huemer et *al.* 1998; Brown, 2000), mais comme ce microorganisme est thermophile, on ne note pas un problème de détérioration du produit fini maintenu à 30°C. *Br. brevis* peut aussi produire des spores résistantes à la chaleur jusqu'à 130°C (Rombaut et *al.* 2002). Les spores de *P. lactis* sont responsables d'une contamination périodique des paquets du lait UHT. Cette espèce, qui a été décrite pour la première fois par Scheldeman et ses collaborateurs (2004), peut produire des spores très résistantes à la chaleur, contaminant les paquets du lait UHT venant de différentes lignes du traitement (UHT direct et indirect). De plus, ces spores ont été trouvées avec celles de *B. sporothermodurans* dans le produit fini du lait. Elles ont aussi été isolées à partir des différents produits laitiers et des appareils de la traite.

Une étude plus complète des microorganismes sporulés très résistants à la chaleur a été réalisée par Scheldeman et ses collaborateurs (2005), en employant la méthode sélective par la chaleur (100°C, 30 min). Cette étude a concerné dix sept fermes laitières en Belgique dont le but est d'évaluer la présence, les sources et la nature de spores fortement thermorésistantes dans le lait cru. Cette étude a montré que le nombre le plus important de ces spores ont été détectés dans le tissu du filtre du matériel de la traite, dans la récolte verte et les échantillons du fourrage. Environ 700 souches ont été isolées après un chauffage sélectif. La collection des souches a montré une diversité remarquable avec des représentants de sept espèces aérobies sporulées. *B. licheniformis* et *B. pallidus* ont été les espèces prédominantes de l'ensemble. Vingt trois pour cent des 603 des isolats se sont avérés appartenir à dix-huit nouvelles espèces séparées. Ces résultats suggèrent que par chauffage sélectif on a pu révéler l'existence d'un grand nombre d'espèces inconnues thermorésistantes (Scheldeman et *al.* 2005).

Chapitre II.
Etude de la germination des spores de *Bacillus sporothermodurans*

Introduction

Alors que les spores bactériennes peuvent rester dormantes beaucoup d'années, elles peuvent revenir à la vie en au moins de 20 min par germination si les éléments nutritifs sont ajoutés (Sarker et *al.* 2002). Il y a donc beaucoup d'intérêt dans ce processus parce que les spores causent des cas d'intoxication d'origine alimentaire à travers la germination et altèrent les caractéristiques organoleptiques de certains produits alimentaires. Et quand les spores germent, elles perdent leur résistance et deviennent facile à détruire. De ce fait, la détermination des germinants spécifiques et les conditions optimales de germination sont nécessaires pour développer des méthodes de destruction des spores bactériennes.

Comme nous avons vu dans la partie bibliographique, la germination des spores peut être déclenchée soit par une variété d'éléments nutritifs tels que les acides aminés, les sucres et l'inosine, soit par des facteurs physiques à savoir la pression hydrostatique. C'est dans ce cadre que s'intègre cette partie de recherche dont le but général est d'étudier la germination des spores de *B. sporothermodurans*. Dans une première partie, nous avons testé les effets des éléments nutritifs (les sucres, les acides aminés et l'inosine) et des cations sur la germination afin de trouver les germinants spécifiques des ces spores. Une deuxième partie a été consacrée à l'étude de la germination par la HP dans l'eau distillée et dans le lait et les effets de différents facteurs physiques (la pression, la température, la durée du traitement, le temps et la température d'incubation post-pressurisation) sur ce processus. Les conditions optimales de germination des spores par les éléments nutritifs et par la pression ont été déterminées à l'aide d'un plan d'expérience.

Matériel & méthodes

1. Souche utilisée et préparation des spores

Pour étudier la germination des spores de *B. sporothermodurans*, nous avons utilisé la souche LTIS27. L'isolement de cette souche du lait UHT a été réalisé en étalant 0,1 ml du lait sur le milieu BHI (Brain Heart Infusion) (Klijn et *al.*, 1997). L'identification de cette derniére a été réalisée par PCR en utilisant des amorces spécifiques de *B. sporothermodurans* (BSPO-F2 (5'-ACGGCTCAACCGTGGAG-3') et BSPO-R2 (5'-GTAACCTCGCGGTCTA-3')) qui sont développées par Scheldeman et *al.* (2002). Ensuite, cette identification a été confirmée par une analyse phylogénétique qui a été réalisée par comparaison des séquences du gène 16S de l'ARN ribosomal (ARNr-16S) des bactéries avec celles déjà connues. L'amorce des *Bacteria* utilisée pour l'amplification de l'ADNr 16S est : Fd1 (5'-AGA-GTT-TGA-TCC-TGG-CTC-AG-

3')/Rd1 (5'-AAG-GAG-GTG-ATC-CAG-CC-3') (Winker et Woese, 1991). Les séquences obtenues ont été comparées avec celles disponibles dans une banque internationale d'ADN (*Genbank*) qui se fait par l'intermédiaire du programme BLAST (*Basic Local Alignment Search Tool*). En effet, cette comparaison a montré un degré élevé de similitude (99,8%) des séquences d'ARNr 16S de souche de *B. sporothermodurans* LTIS27 à celle de *B. sporothermodurans* M215 ^{T} de type II.

Les spores ont été préparées comme décrit précédemment par Ireland et Hanna (2002) mais avec quelques modifications. La souche est cultivée, tout d'abord, dans le bouillon BHI-vitB$_{12}$ à 37°C pendant 16h avec une agitation vigoureuse à partir d'une seule colonie obtenue dans un milieu solide. Cette pré-culture est diluée au dixième (1/10) dans le bouillon de sporulation qui a été décrit par Herman et ses collaborateurs (1997) (25 g/l du bouillon nutritif, 1 mg/l de vitamine B$_{12}$ (Sigma), 8 mg/l de MnS0$_4$H$_2$0 et 1 g/l de CaC1$_2$H$_2$0) et incubée à 37°C pendant 7 jours. Ensuite, les cultures sont centrifugées à 8000 rpm pendant 10 min. Le culot obtenu est suspendu et lavé vigoureusement trois fois avec l'eau distillée stérile. Après le dernier lavage, le culot bactérien est suspendu dans 5 ml d'eau distillée stérile et traité à la chaleur (100°C, 30 min) pour détruire les cellules végétatives. Les suspensions sporales obtenues sont lavées et centrifugées quatre fois. Les spores, après un dernier lavage, sont suspendues dans l'eau distillée stérile et stockées à une concentration de 10^7 à 10^8 sp/ml à 4°C.

2. Germination des spores par les éléments nutritifs

2. 1. Essai de germination des spores en présence des éléments nutritifs

Après préparation, les spores sont activées par la chaleur (100°C pendant 30 min). Puis, elles sont suspendues dans le tampon de germination (10 mM de TrisHCL et 10 mM de NaCl, pH 8) et incubées à 37°C pendant 15 min (Barlass et *al*. 2002). Ensuite, la germination est commencée par l'addition d'un des composés germinatifs suivants : le D-glucose, le D-fructose, les 20 acides aminés et l'inosine, à différentes concentrations (0,1, 10, 20, 50, 100 et 250 mM). Pour la germination en présence de L-alanine, l'O- carbamyl-d-sérine (5 μg/ml) a été ajouté pour inhiber l'activité racémase de L-alanine (Cléments and Moir, 1998; Barlass et *al*. 2002). Après incubation 60 min, la densité optique à 580 nm (DO$_{580}$) de la suspension sporale a été mesurée. Le taux de germination est exprimé comme étant le taux maximal de la perte de DO$_{580}$ en relation avec la DO initiale (DO initiale prise comme 100%) ((DO$_{initiale}$ − DO$_{finale}$) / DO$_{initiale}$) × 100 (Cléments and Moir, 1998; Ireland and Hanna, 2002).

Les 20 acides aminés utilisés dans l'essai de la germination sont L-isomères (Sigma Aldrich) dissous dans l'eau distillée stérile à une concentration mère de 1 M. Ces produits ont été stérilisés par filtration en se servant d'un filtre de porosité 0,45 μm.

2. 2. Effet de facteurs physico-chimiques sur la germination des spores

L'étape précédente nous a permis d'avoir une idée sur les composés les plus germinatifs et leurs concentrations optimales (le D-glucose (50 mM), l'inosine (50 mM) et le L-alanine (100 mM)). Au cours de cette étape, nous avons étudié l'effet de certains facteurs physico-chimiques (le pH, la température d'incubation et la présence des cations) sur la germination des spores de *B. sporothermodurans* LTIS27 en absence ou en présence de leurs germinants spécifiques.

Les spores, après préparation et activation, sont suspendues dans le tampon de germination pendant 15 min à 37°C puis les trois germinants sont ajoutés. Un contrôle, sans composé, est inclus dans chaque expérience. Pour étudier l'effet du pH ou de la température, les spores, après l'ajout de produits, sont incubées pendant une heure à différents pH (5, 6, 7, 8 et 9) à 37°C ou à différentes températures (20, 30, 37, 40 et 50°C). L'ajustement du pH se fait par l'addition de HCl (2N) ou de NaOH (2N).

Pour explorer l'effet des cations sur la germination des spores, les composés chimiques suivants ont été utilisés (potassium, calcium, magnésium et sodium). Après préparation des spores, les solutions KCl, $CaCl_2$, $MgCl_2$ ou NaCl sont ajoutées au milieu à une concentration de 100 mM (White et *al.* 1974) en absence ou en présence d'un de trois germinants (D-glucose, L-alanine ou inosine). Des prélèvements sont effectués, après incubation pendant une heure à 37°C, pour mesurer la DO_{580} et calculer le taux de germination.

2. 3. Optimisation de la germination induite par les éléments nutritifs moyennant un plan d'expérience

2. 3. 1. Généralité sur le plan d'expérience

2. 3. 1. 1. Définition du plan d'expérience

Un plan d'expérience est une stratégie expérimentale qui met en œuvre un certain nombre d'essais, correctement choisis, dont les résultats sont analysés selon des lois statistiques. Le but de cette approche est l'optimisation du choix des essais et de celui de leur enchaînement au cours de l'expérimentation. En effet, elle offre de nombreux avantages tels que la diminution du nombre d'essais, l'augmentation du nombre de facteurs à étudier et la détection d'interactions entre les causes (facteurs) et les effets (réponses). En microbiologie alimentaire, les plans d'expériences sont utilisés afin de prédire le comportement des microorganismes dans diverses conditions environnementales (Avery et *al*. 1996). Cette technique est fondée sur le développement des modèles mathématiques qui permettent d'établir une relation entre le comportement bactérien et les conditions environnementales. Pour cela, il est nécessaire d'identifier les facteurs à étudier et délimiter le champ des expérimentations afin d'établir un plan d'expérience adapté à chaque situation. Différents types de plan d'expériences peuvent être utilisés en microbiologie prévisionnelle. Au cours de cette étude, nous avons utilisé le plan composite centré (PCC) à trois facteurs pour optimiser les processus de la germination et de l'inactivation des spores de *B. sporothermodurans* LTIS27.

Les trois facteurs choisis dans chaque essai constituent les variables de commande pour le plan d'expérience. Chaque variable à cinq niveaux codés (indiqués comme -1,68, -1, 0, 1, +1,68) sont conçus comme des essais expérimentaux en recourant au logiciel Statgraphics Centurion XV Version 15.2.06. Les valeurs réelles des variables indépendantes (X) ont été codées selon l'équation (1): Eq (1) : $x_i = (X_i - X_0)/\Delta X$; avec X est la valeur réelle de la variable indépendante; x_i est la valeur codée de la variable indépendante donnée par la matrice expérimentale; X_0 est la valeur réelle du point central et ΔX est le changement radical.

L'estimation des coefficients du modèle quadratique prévisionnel est obtenue à partir d'un plan d'expérience composite centré à trois facteurs. Le nombre d'expériences pour k facteurs est donné par la relation suivante: $N = 2^k + 2k$, avec trois répétitions au centre du domaine expérimental. Ainsi, pour K=3, le nombre d'expériences à réaliser est de 17 essais (Tableau 4).

Tableau 4: Plan des essais expérimentaux pour trois variables selon le plan composite centré

Essais	Facteurs			Essais	Facteurs		
	x_1	x_2	x_1		x_1	x_2	x_3
1	0	0	0	10	0	+1,68	0
2	-1,68	0	0	11	0	0	0
3	-1	-1	1	12	0	0	0
4	1	1	-1	13	-1	1	-1
5	-1	-1	-1	14	+1,68	0	0
6	1	-1	1	15	0	-1,68	0
7	1	1	1	16	0	0	+1,68
8	0	0	-1,68	17	1	-1	-1
9	-1	1	1				

2. 3. 1. 2. Analyses statistiques et graphiques

Les analyses de régression multilinéaire et de variance sont réalisées avec le logiciel Statgraphics. Chaque réponse obtenue peut être représentée par une équation polynomiale du second degré, valable uniquement sur l'ensemble du domaine expérimental, qui traduise les relations entre les variables indépendantes (réponses) et les variables dépendantes (facteurs). Cette équation est composée de 10 coefficients pour trois facteurs.

Eq (2): $Y = b_0 + b_1 \times x_1 + b_2 \times x_2 + b_3 \times x_3 + b_{11} \times x_1^2 + b_{22} \times x_2^2 + b_{33} \times x_3^2 + b_{12} \times x_1 \times x_2 + b_{13} \times x_1 \times x_3 + b_{23} \times x_2 \times x_3$

Avec x_i sont les variables indépendantes (facteurs). b_0 est le terme constant. b_1, b_2 et b_3 sont les coefficients linéaires du premier ordre. b_{11}, b_{22} et b_{33} sont les termes carrés. b_{12}, b_{13} et b_{23} sont les termes d'interaction. Ces coefficients permettent de sélectionner les facteurs les plus influents, de déterminer les interactions entre les facteurs et d'établir les relations entre les réponses et les facteurs. Quand le coefficient est précédé d'un signe positif, le facteur désigné exerce une influence positive sur la réponse. Inversement, quand le coefficient est précédé d'un signe négatif, le facteur désigné exerce une influence négative sur la réponse.

La probabilité « p » indique le seuil de signification des facteurs ; les facteurs qui ont une valeur de « p » inférieure ou égale à 0,05 sont considérés comme significatifs.

2. 3. 1. 3. Méthodologie des surfaces de réponses (MSR)

Les réponses peuvent être représentées par des courbes d'isoréponses qui permettent de visualiser, à l'intérieur du domaine expérimental, toutes les conditions opératoires aboutissant à une même valeur de réponse. Les courbes d'isoréponses ou d'isopopulations sont définies comme des courbes de niveau de surface de réponse, telle que la fonction $y = f(X_i, X_j, ... X_K)$ soit égale à une constante. Les graphiques des surfaces de réponses et les courbes d'isoréponses sont construits au moyen du logiciel Statgraphics, en fonction de deux variables, les autres étant fixées à la valeur optimale.

2. 3. 2. Plan d'expérience incluant le L-alanine, le D-glucose et la température

Le plan composite centré a été utilisé pour optimiser la germination des spores de *B. sporothermodurans* LTIS27 par les éléments nutritifs. Trois facteurs sont mis en valeur à la suite de résultats des tests préliminaires : les concentrations de L-alanine et de D-glucose et la température d'incubation. Les valeurs codées et réelles (X et x) de chaque facteur sont présentées dans le tableau 5.

Tableau 5 : Domaine expérimental du plan d'expérience composite centré.

Variables de commandes	Symboles		Valeur de variable [a]				
	Codés	Expérimentaux	-1,68	-1	0	1	1,68
L-alanine (mM)	x_1	X_1	6,4	20	40	60	43,4
D-glucose (mM)	x_2	X_2	3,3	5	7,5	10	11,7
Température (°C)	x_3	X_3	26,6	30	35	40	43,4

[a] $x_1 = (X_1 - 40)/20$; $x_2 = (X_2 - 7,5)/2,5$; $x_3 = (X_3 - 35)/5$

Les expériences sont exécutées dans le tampon de germination en présence de diverses concentrations de L-alanine (20-60 mM) et de D-glucose (5-10 mM) et à différentes températures d'incubation (30-40°C). Les différentes conditions testées sont résumées dans le tableau 6. Après 60 min d'incubation, la DO_{580} de la suspension sporale a été mesurée. La réponse expérimentale est exprimée comme étant le taux de germination (($DO_i - DO_f$)/DO_i) × 100). Elle est estimée en tenant compte de l'influence des facteurs expérimentaux.

Trois expériences ont été réalisées au centre du domaine expérimental, afin d'estimer la valeur de la variance résiduelle. Une analyse de la variance et une estimation de la surface de réponse par régression linéaire multiple ont été effectuées au moyen du logiciel statgraphics.

Tableau 6 : Plan d'expérience composite centré à trois facteurs (L-alanine, D-glucose et température).

Essais	Facteurs			Essais	Facteurs		
	X_1 (mM)	X_2 (mM)	X_1 (°C)		X_1 (mM)	X_2 (mM)	X_3 (°C)
1	40	7,5	35	10	40	11,78	35
2	6,4	7,5	35	11	40	7,5	35
3	20	5	40	12	40	7,5	35
4	60	10	30	13	20	10	30
5	20	5	30	14	43,4	7,5	35
6	60	5	40	15	40	3,3	35
7	60	10	40	16	40	7,5	43,4
8	40	7,5	26,6	17	60	5	30
9	20	10	40				

X_1 : Concentration de L-alanine ; X_2 : Concentration de D-glucose ; X_3 : Température d'incubation

3. Germination des spores par la pression hydrostatique
3. 1. Caractéristiques du pilote d'haute pression

Nous avons utilisé un pilote haute pression conçu par les ACB de Nantes (Ateliers et Chantiers de Bretagne, rue du Ranzai, Nantes) (Figure 8). Les différentes expérimentations ont été réalisées sur ce pilote, qui peut atteindre une pression maximale de 600 MPa (6000 bars). Le système est composé d'une enceinte en position verticale, réalisée en acier inoxydable, dont le volume interne est de 3 litres, avec un diamètre interne de 120 mm et une hauteur utile de 300 mm. Le volume de cette enceinte peut être réduit grâce à des cylindres en aluminium. Un obturateur à vis permet de fermer hermétiquement cette enceinte. La vitesse de compression utilisée dans les divers essais est de 30 bar/s et la décompression est quasi instantanée (2-3s). L'appareil est équipé d'un système de régulation automatique de la pression, ce qui permet de programmer une cinétique de montée en pression, d'obtenir un palier stable et de contrôler la descente en pression (Figure 9). Le système de pressurisation utilisé fonctionne selon le mode indirect, c'est à dire une pompe hautes pressions envoie un fluide de pressurisation dans une enceinte close. Cette méthode est la plus répandue dans les industries.

Afin de réguler la température à l'intérieur de l'enceinte, le pilote est équipé d'une double enveloppe dans laquelle un fluide caloporteur circule. Ce fluide peut être régulé en température entre -20 et 60°C par l'intermédiaire d'un cryothermostat qui fait circuler l'eau thermostatée dans la double enveloppe de l'enceinte.

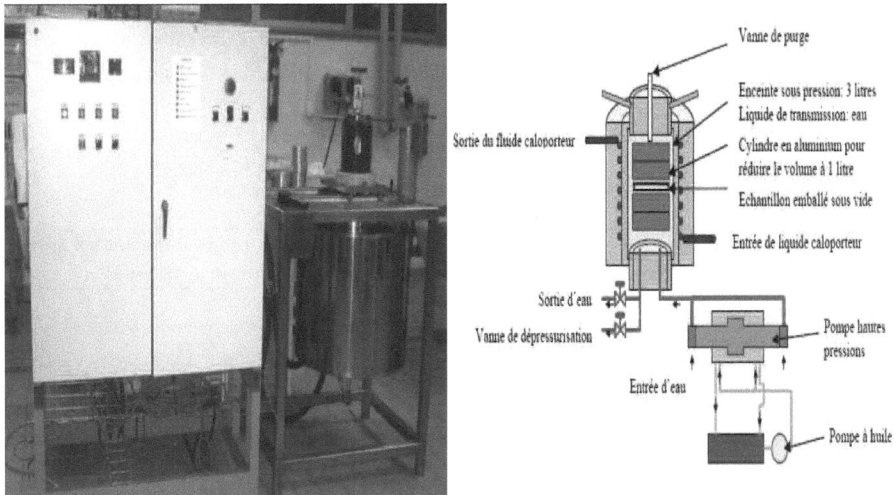

Figure 6 : Pilote d'haute pression conçu par les ACB de Nantes.

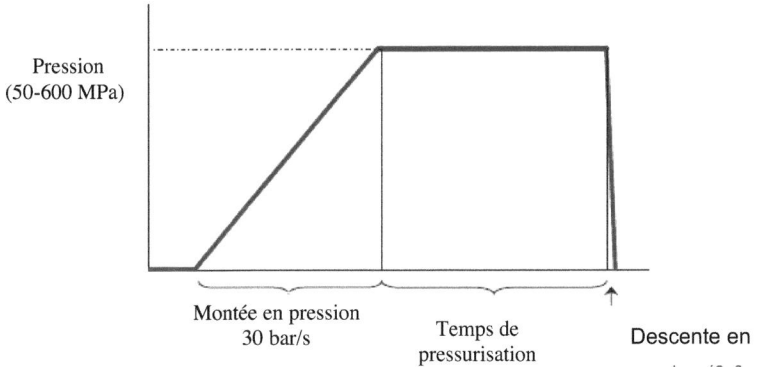

Figure 7 : Schéma des conditions du traitement hautes pressions.

3. 2. Tests préliminaires sur la germination des spores par la pression

Les échantillons (spores (5×10^5 sp/ml)) sont conditionnés sous vide (Multivac, Wolferstschwenden, Allemagne) dans des sachets souples en polyéthylène d'une épaisseur de 65 µm (La Bovida, Nantes) contenant l'eau distillée. La souplesse de ces sachets permet la transmission de la pression extérieure. De plus, ces emballages, aptes au contact alimentaire, sont parfaitement étanches et résistent aux contraintes mécaniques et thermiques. Lors de l'essai, les échantillons sont placés dans l'enceinte entre deux cylindres en aluminium. Le traitement peut être lancé selon les critères du temps, de températures initiales du traitement et de pressions qui sont résumés dans le tableau 7.

Tableau 7: Résumé des conditions du traitement de spores sous pression.

Conditions	Pression (MPa)	Durée du traitement (min)	Température (°C)	Temps d'incubation après traitement (min)
1	de 50 à 600	5	20	Dénombrement des spores et des cellules totales dans 10 min après traitement
2	200	5, 15, 30 et 40	20	
3	200	5	30, 40, 45 et 50	
4	200	5	20	30, 60, 90 et 120 min à 4°C ou 37°C

La figure 10 présente un exemple des variations de température lors de la mise sous pression et lors de la détente. Au cours de la montée en pression, il se produit un échauffement et lors de la dépressurisation, c'est l'effet inverse. Plus le niveau de pression est important, plus la variation de température est grande. Par exemple, pour une mise sous pression de 500 MPa pendant 5 min à 30°C, une élévation de température de 10°C a été enregistrée et lors de la détente, il y a une diminution de température de 10°C. De façon générale, la variation de température est d'environ 2°C par pallier de 100 MPa.

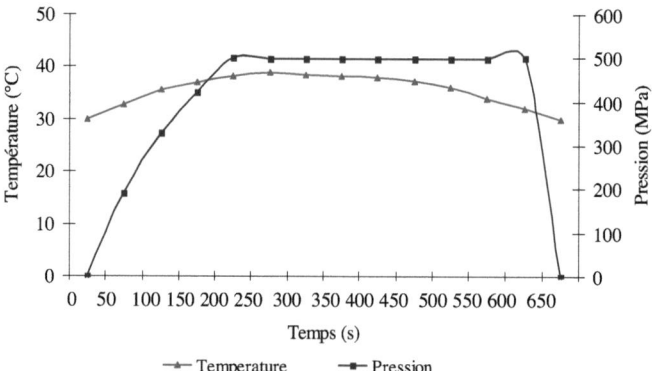

Figure 10 : Courbe d'évolution de la température à l'intérieur de l'enceinte réalisée pour une mise sous pression (à 500 MPa pendant 5 min à 30°C) puis une détente.

3. 3. Dénombrement des spores et des cellules totales

Après chaque essai, les cellules totales et les spores ont été énumérées avant et après un traitement thermique (100°C, 30 min), respectivement, sur le milieu BHI-vitB$_{12}$ après une série de dilution décimale dans l'eau peptonée. Les boites ont été incubées à 37°C pendant 24h. La germination et l'inactivation des spores provoquées par la pression ont été déterminées par la comparaison de deux dénombrements ; traité (N_2) et non traité thermiquement (N_1), respectivement, avec N_0 le nombre initial des spores. Le taux de germination est calculé selon la formule suivante : [($N_0 - N_2$) / N_0] x 100.

3. 4. Optimisation de la germination des spores par la pression hydrostatique

Au cours de cette étude, nous avons utilisé le plan composite centré pour optimiser la germination des spores de *B. sporothermodurans* par la HP dans l'eau distillée et dans le lait. Trois facteurs sont mis en valeur à la suite de résultats des essais préliminaires : la pression, la durée du traitement et le temps d'incubation après traitement à 37°C. Ces facteurs constituent les variables de commande pour le plan d'expérience. Les différents facteurs et niveaux utilisés sont résumés dans le tableau 8.

Tableau 8 : Domaine expérimental du plan d'expérience composite centré.

Variables de commandes	Symboles		Valeur de variable [a]				
	Codés	Expérimentaux	-1,68	-1	0	1	1,68
Pression (MPa)	x_1	X_1	31,8	100	200	300	368,2
Durée du traitement (°C)	x_2	X_2	3,2	10	20	30	36,8
Temps d'incubation après traitement (min)	x_3	X_3	23,4	30	60	90	110,6

[a] $x_1 = (X_1 - 200)/100$; $x_2 = (X_2 - 20)/10$; $x_3 = (X_3 - 60)/30$

Les expériences sont exécutées dans l'eau distillée et dans le lait dans des aliquotes de 2 ml. Les spores sont ajoutées, après préparation, à une concentration de $N_0 = 5 \times 10^5$ sp/ml. Ensuite, elles sont enfermées dans des sachets de polyéthylène et elles sont soumises aux différents traitements sous pression (Tableau 9). Après chaque traitement, les dénombrements des spores et des cellules totales sont effectués sur le milieu BHI-vitB$_{12}$.

La réponse expérimentale est exprimée comme étant le taux de germination ([($N_0 - N_2$) / N_0] x 100). Les résultats sont analysés comme décrit précédemment (Paragraphe 2.3.1.2.).

Tableau 9 : Plans des essais expérimentaux pour trois variables (pression, durée du traitement et temps d'incubation après traitement) selon le plan composite centré.

Essais	Facteurs			Essais	Facteurs		
	X_1 (MPa)	X_2 (min)	X_1 (min)		X_1 (MPa)	X_2 (min)	X_1 (min)
1	200	20	60	10	200	36,8	60
2	31,8	20	60	11	200	20	60
3	100	10	90	12	200	20	60
4	300	30	30	13	100	30	30
5	100	10	30	14	368,2	20	60
6	300	10	90	15	200	3,2	60
7	300	30	90	16	200	20	110,6
8	200	20	23,4	17	300	10	30
9	100	30	90				

X_1 : Pression ; X_2 : Durée du traitement ; X_3 : Temps d'incubation après traitement.

Résultats & discussion

I. Etude de la germination des spores induite par les éléments nutritifs

1. Effet des éléments nutritifs sur la germination des spores

1. 1. Essai de germination des spores en présence de certains composés nutritifs

Afin de déterminer les produits les plus germinatifs et leurs concentrations optimales, les effets des divers composés nutritifs (20 acides aminés, D-glucose, D-fructose et inosine) et leurs concentrations sur les spores de *B. sporothermodurans* LTIS27 ont été testés. La figure 11 montre qu'en présence de certains produits (D-fructose, L-arginine, L-asparagine, L-asapartate, L-cystéine, L-glutamate, L-glutamine, L-glycine, L-histidine, L-isoleucine, L-leucine, L-lysine, L-méthionine, L-phénylalanine, L-proline L-thréonine, L-tryptophane, L-tyrosine et L-valine), le taux de germination augmente avec l'augmentation de leurs concentrations et atteint près de niveaux maximaux (entre 20 et 30%) à des concentrations entre 10 et 20 mM; mais, à une concentration supérieure à 50 mM, le taux de germination n'a pas dépassé 30%. Il semble que le taux de germination atteint un maximum à une concentration bien déterminée et que l'augmentation des concentrations de certains composés n'a pas d'effet sur le taux de germination. Alors que le taux de germination en présence de L-alanine, d'inosine ou de D-glucose a continué à augmenter jusqu'à 62% avec de concentrations plus élevées que 50 mM pour l'inosine et le D-glucose et 100 mM pour le L-alanine.

La figure 12 résume l'effet des acides aminés, d'inosine et des sucres, à des concentrations optimales données par la figure 13, sur la germination des spores de *B. sporothermodurans* LTIS27. Un germinant fort a été défini par Ireland et Hanna (2002) comme celui qui cause 40% ou plus de germination dans au moins 15 min. En tenant compte de cette condition, nous avons constaté que les spores répondent différemment à divers germinants et parmi 23 produits testés seulement quatre (D-glucose (62%), L-alanine (60%), inosine (52%) et L-tyrosine (44%)) sont capables de fournir une germination significative et rapide. Ces résultats montrent que les germinants spécifiques (induisant un taux de germination supérieure à 50%) des spores de *B. sporothermodurans* LTIS27 sont le D-glucose, le L-alanine et l'inosine. L'effet de ces composés sur la germination des spores a été observé chez certaines espèces du genre *Bacillus*. En effet, le glucose est connu depuis longtemps comme un produit germinatif pour les spores de certaines espèces comme *B. megaterium* (Hyatt and Levinson, 1964; Racine et *al.* 1979). Le L-alanine est considéré comme un germinant fort pour plusieurs espèces de *Bacillus* à savoir *B. cereus* (Barlass et *al.* 2002), *B. subtilis* (Carbrera-Martinez et *al.* 2003) et pour certaines espèces de *Clostridium* (Broussolle et *al.* 2002; Paredes-Sabja et *al.* 2008). L'inosine était un germinant indépendant fort pour les spores de *B. cereus* (Barlass et *al.* 2002 ; Hornstra et *al.* 2006) bien qu'il n'était pas un germinant indépendant fort pour celles de *B. anthracis*, c'est un co-germinant fort lorsqu'il est associé avec certains acides aminés (Ireland and Hanna, 2002).

De ce fait, nous nous sommes intéressés, dans une deuxième partie, à utiliser le L-alanine, l'inosine et le D-glucose comme des co-germinants avec les différents acides aminés, et à étudier par la suite les effets du pH, de la température et des cations sur la germination des spores en absence et en présence de ces germinants.

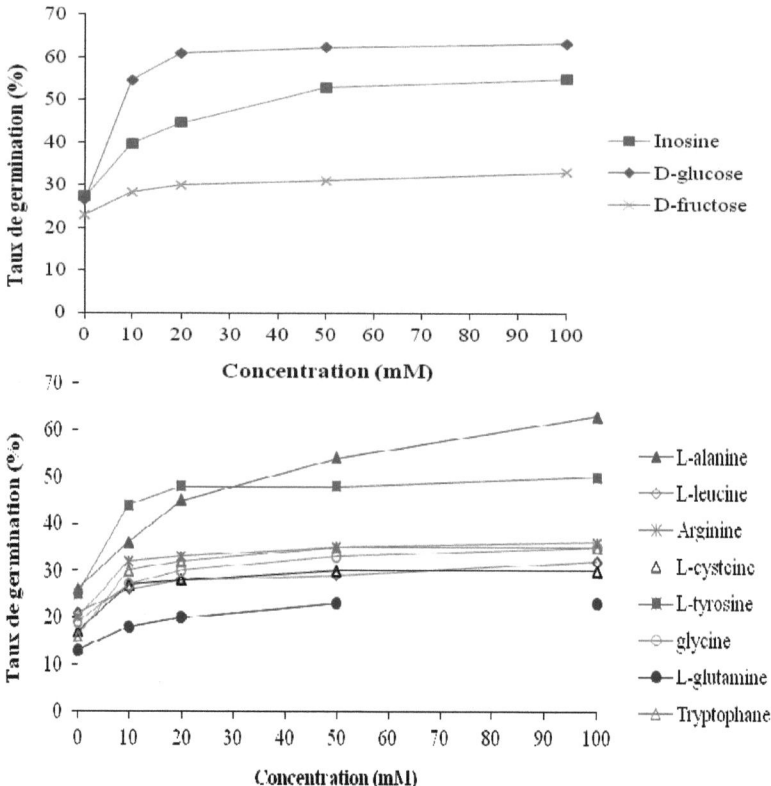

Figure 11 : Effet des différentes concentrations d'inosine, de sucres et des certains acides aminés sur la germination des spores de *B. sporothermodurans* LTIS27.

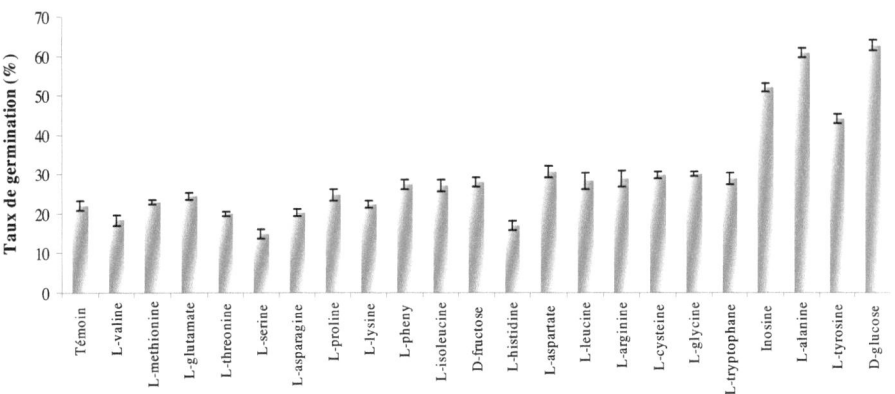

Figure 12 : Synthèse sur la germination des spores de *B. sporothermodurans* LTIS27 en présence des éléments nutritifs.

1. 2. Utilisation de L-alanine comme un co-germinant avec d'autres acides aminés

En présence de L-alanine (1 mM) comme un co-germinant avec les autres acides aminés, deux types d'effet ont été mis en évidence (Figure 13). D'une part, le L-alanine a stimulé l'effet de certains acides aminés (L-histidine, L-tryptophane et L-tyrosine) pour déclencher une germination importante et rapide. D'autre part, il n'a pas affecté la germination induite par les autres acides aminés. Par conséquent, ces données montrent que, pour *B. sporothermodurans* LTIS27, le L-alanine peut être utilisé soit comme un germinant indépendant, soit comme un co-germinant pour certains acides aminés. Ce même effet a été observé chez *B. anthracis* (Ireland and Hanna, 2002).

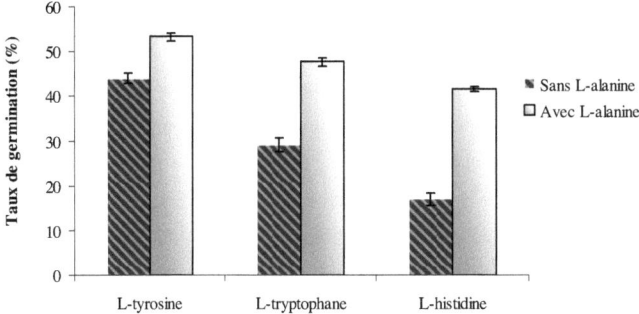

Figure 13 : Germination des spores de *B. sporothermodurans* LTIS27 en présence de certains acides aminés en utilisant le L-alanine comme un co-germinant.

Plusieurs auteurs ont montré que le L-alanine peut potentialiser d'autres produits (acides aminés, inosine, cations, sucres) pour déclencher une réponse importante de germination (Barlass et *al*. 2002; Ireland and Hanna, 2002). Ceci peut avoir lieu même quand le deuxième germinant seul n'induit aucune germination (Ireland and Hanna, 2002). En effet, l'utilisation de L-alanine, à faible concentration (1 mM), comme un co-germinant avec différents acides aminés a été testée chez certaines espèces de *Bacillus*. Deux types d'effet ont été distingués. Une stimulation du taux de germination des spores, provoquée par certains acides aminés (L-histidine, L-tryptophane, L-tyrosine et L-proline), a été observée chez *B. anthracis*. En effet, Ireland et Hanna (2002) ont expliqué cette réponse par l'action des chaînes latérales aromatiques de ces aminoacides avec le L-alanine. Alors que pour *B. cereus*, aucune stimulation du taux de germination des spores n'a été détectée lors de l'utilisation de L-alanine (1 mM) en combinaison avec l'un des 20 acides aminés (Hornstra et *al*. 2006).

1. 3. Utilisation d'inosine comme un co-germinant avec les acides aminés

L'utilisation d'inosine (1 mM) comme un co-germinant dans un milieu contenant un des 20 acides aminés a été étudiée. La figure 14 montre que l'inosine a stimulé la germination induite par certains acides aminés (L-cysteine, L-histidine, L-tyrosine, L-tryptophane et L-serine). La plus importante réponse (82%) a été observée en présence de L-alanine et d'inosine. En conséquence, pour *B. sporothermodurans* LTIS27, l'inosine peut être considéré soit comme un germinant indépendant fort, soit comme un co-germinant avec certains acides aminés. Ces résultats sont en concordance avec ceux des travaux antérieurs réalisés sur d'autres espèces de *Bacillus* (Cléments and Moir, 1998; Ireland and Hanna, 2002; Hornstra et *al*. 2006). En effet, les spores de *B. cereus* peuvent germer en réponse à l'inosine ou au L-alanine, mais le taux important de germination a été obtenu après la combinaison de ces deux germinants (Cléments and Moir, 1998; Ireland and Hanna, 2002). D'ailleurs, l'inosine a été utilisé comme un co-germinant avec le L-alanine, le L-glutamine et le L-phénylalanine chez *B. cereus* (Hornstra et *al*. 2006) et avec le L-alanine, le L-cystéine, le L-histidine, le L-méthionine, le L-phénylalanine, le L-proline, le L-serine, le L-tryptophane, le L-tyrosine et le L-valine chez *B. anthracis* (Ireland and Hanna, 2002). En effet, Ireland et Hanna (2002) ont devisé la réponse des acides aminés dépendante d'inosine (AAID) en deux types. La première, AAID1, a été accomplie à travers l'inosine et un acide aminé non aromatique (L-alanine, L-cystéine, L-proline, L-serine et L-valine). La seconde, AAID2, a été définie à travers l'inosine et un acide aminé aromatique (L-histidine, L-phénylalanine, L-tryptophane et L-tyrosine).

Puisque l'inosine peut potentialiser certains acides aminés aromatiques et non aromatiques pour déclencher une réponse importante de germination des spores de la souche LTIS27, nous pouvons émettre l'hypothèse que les deux réponses AAID existent chez les spores de *B. sporothermodurans*.

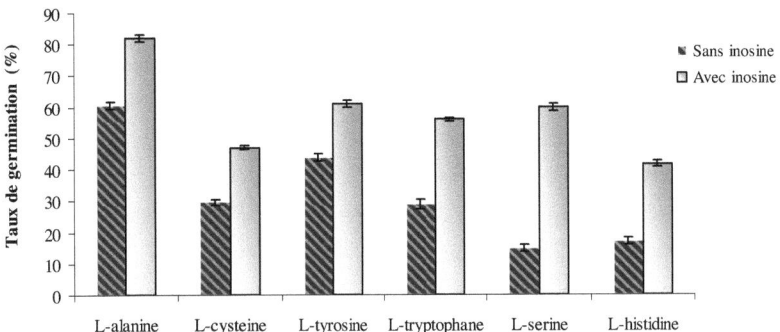

Figure 114 : Germination des spores de *B. sporothermodurans* LTIS27 en présence de certains acides aminés en employant l'inosine comme un co-germinant.

1. 4. Utilisation de D-glucose comme un co-germinant avec les acides aminés

L'effet de D-glucose (1 mM) sur la germination des spores de *B. sporothermodurans* LTIS27 induite par les acides aminés a été testé. La plus importante et rapide réponse de germination est observée en présence de D-glucose (1 mM) et de L-alanine (100 mM) ; le taux de germination était de l'ordre 89% alors que le D-glucose n'a pas affecté la germination des spores en présence d'autres produits. La stimulation de germination, induite par le L-alanine, par le D-glucose a été observée chez *B. megaterium* (Hyatt and Livinson, 1962; Racine et al. 1979) et chez *B. subtilis* (White et al. 1974). De plus, le D-glucose a été aussi utilisé comme un co-germinant pour certains acides aminés (L-leucine, L-proline, L-alanine et L-valine) chez *B. megateruim* (Hyatt and Levinson, 1961) alors qu'il n'a pas affecté la germination des spores de *B. licheniformis* induite par le L-alanine (White et al. 1974).

2. Effet des facteurs physico-chimiques sur la germination des spores

L'effet des quelques cations (Na^+, Mg^{2+}, Ca^{2+} et K^+) sur la germination des spores de *B. sporothermodurans* LTIS27, en absence ou en présence de certains germinants (L-alanine, inosine et D-glucose), a été étudié. En analysant le tableau 10a, nous avons remarqué que les différents cations ont un pouvoir germinatif sur les spores. En effet, les ions Ca^{2+} et K^+ ont favorisé la germination des spores jusqu'à un pourcentage de 43%. Cependant, une fois ces ions sont combinés avec l'un des germinants spécifiques de *B. sporothermodurans* LTIS27 (L-alanine, inosine ou D-glucose), le taux de germination dimunie. Dans la littérature, l'effet des cations sur la germination des spores est variable. Pour *B. cereus,* Cléments et Moir (1998) ont signalé que les ions sodium ont stimulé la germination des spores en présence de L-alanine et d'inosine alors que les ions potassium sont des inhibiteurs de germination. Chez *B. licheniformis*, les ions potassium n'ont pas affecté la germination des spores en présence de L-alanine (White et *al*. 1974). Dans notre étude, les sels ont réduit la réponse des spores au D-glucose alors que chez d'autres espèces l'effet de sucres et surtout le D-glucose sur la germination est remarquablement amélioré par les sels (Hyatt and Levinson, 1962; Rode and Foster, 1962 ; Hyatt and Levinson, 1964).

Le tableau 10b résume l'effet de la température sur la germination des spores de *B. sporothermodurans* LTIS27 en présence de L-alanine, d'inosine ou de D-glucose. La germination des spores a été produite dans une gamme de température allant de 30 à 40°C. Néanmoins, à une température supérieure à 40°C ou inférieure à 30°C, la germination des spores diminue de manière significative.

L'influence du pH sur la germination des spores de *B. sporothermodurans* LTIS27 est représentée par le tableau 10c. La germination des spores induite par le L-alanine, l'inosine ou le D-glucose augmente avec l'augmentation du pH de 5 à 7. À un pH inférieur à 8, le taux de germination diminue de manière significative. Il était clair que l'optimum de germination des spores de *B. sporothermodurans* est situé dans un intervalle du pH entre 6 et 8 alors que les spores d'autres espèces peuvent germer dans un domaine plus large comme *B. licheniformis* et *B. polymyxa* ou plus restreinte comme *B. cereus* (White et *al*. 1974; Huo et *al*. 2010). En plus, Ciarciaglini et ses collaborateurs (2000) ont montré que la germination des spores de *B. subtilis* pSB357 induite par le L-alanine est complètement inhibée à pH 4. La faible valeur du pH peut modifier l'état d'ionisation de chaînes latérales d'acides aminés, changeant ainsi leurs distributions de charge, la liaison hydrogène et la conformation des protéines. Dans notre cas, la germination a été affectée par le pH, en présence de L-alanine ou d'inosine ou de D-glucose, nous pouvons donc faire l'hypothèse que le pH agit sur les récepteurs du germinant. Ainsi, l'effet du pH sur la germination de spore en réponse à un germinant particulier dépend de l'espèce et de la souche étudiée. Ceci pourrait être dû aux différences dans la nature de l'enzyme impliqué dans le processus de germination (White et *al*. 1974).

Cléments et Moir (1998), chez *B. cereus*, ont montré que la différence dans le pH optimal, le profil de la température et l'effet des cations sur la germination des spores en présence de L-alanine ou d'inosine est due à l'existence des différents mécanismes de transduction de signal de germinants spécifiques. De plus, Huo et ses collaborateurs (2010) ont confirmé que la température optimale de germination de spore dépend de l'espèce, de la souche étudiée et du germinant utilisé.

Tableau 10 : Effet des facteurs physicochimiques sur le taux de germination des spores de *B. sporothermodurans* LTIS27 en présence de D-glucose or de L-alanine or d'inosine.

	Conditions	Taux de germination (%) [a]:			
		Aucune addition	D-glucose (50 mM)	L-alanine (100 mM)	Inosine (50 mM)
	Aucune addition	22,3 ±1,4	62,6 ± 1,4	60,6 ±1,2	52 ± 1,1
(a)	**Ions**				
	Na^+	31,6 ± 0,8	2,6 ± 1,4	36,6 ±0,8	39 ±0,5
	K^+	49 ± 0,5	54,6 ±1,4	42,6 ±1,2	32 ±1,7
	Ca^{2+}	43,3 ± 0,8	21,6 ±1,7	42,6 ±1,2	43,3 ±0,8
	Mg^{2+}	29 ± 0,5	44,3 ±1,4	45,6 ±1,4	22,6 ±1,4
(b)	**Température (°C)**				
	20	11,6 ±1,7	35,3 ± 0,8	21,6 ±0,8	19,3 ± 0,8
	30	20,3 ± 1,2	45 ± 0,5	51,3 ±0,8	48,6 ± 1,2
	37	22,6 ± 1,4	59,6 ±1,4	56,6 ±0,8	50,6 ±1,2
	40	19,6 ± 0,8	51,6 ±0,8	44,6 ±0,8	43 ± 0,5
	50	10 ± 1,1	30 ±1,1	20 ±1,1	23,6 ±0,81
(c)	**pH**				
	5	21,6±1,4	40 ± 1,1	29±0,5	22 ± 1,1
	6	32±1,5	54,3± 0,8	57±0,5	51±0,5
	7	22±1,4	60±1,7	52 ±1,5	52±1,7
	8	18±1,5	53±1,1	30,3 ±0,8	25 ±0,8
	9	13,3±0,8	30,3 ±1,4	20 ±1,1	19,7 ±1,4

[a] Résultats avec les écart-types de trois expériences indépendantes

4. Optimisation de la germination des spores induite par les éléments nutritifs

Durant notre étude, nous avons remarqué que la plus grande réponse de germination de spores a été obtenue en présence de L-alanine et de D-glucose. En plus, la température d'incubation a un effet important sur la germination. De ce fait, nous nous sommes intéressés à optimiser la germination des spores de *B. sporothermodurans* LTIS27 en employant un plan d'expérience composite centré à trois facteurs (L-alanine, D-glucose et température).

4. 1. Analyse statistique et graphique et validation du modèle

Les effets des concentrations de L-alanine et de D-glucose et la température d'incubation sur la germination des spores de *B. sporothermodurans* LTIS277 ont été étudiés en utilisant une démarche scientifique. La réponse (Y) a été mesurée en termes du taux de germination. L'application de la méthodologie des surfaces de réponses propose une relation empirique entre la variable de la réponse et la variable du test en cours d'examen. Bien que cette méthodologie a été utilisée par certains auteurs pour évaluer l'effet de divers facteurs tels que la pression et la température sur l'inactivation des spores de *B. cereus* (Ju et *al*. 2008) et *B. subtilis* (Gao and Jiang, 2005), il n'était jamais utilisé dans l'optimisation de la germination des spores soit par les éléments nutritifs, soit par la HP. Par l'analyse de l'application de régression multiple, l'équation du modèle quadratique obtenue est la suivante :

Eq (3): $Y = -380{,}306 + 1{,}91x_1 - 2{,}99x_2 + 23{,}44x_3 - 0{,}003x_1^2 + 0{,}09x_2^2 - 0{,}3x_3^2 + 0{,}06x_1x_2 - 0{,}04x_1x_3 + 0{,}01x_2x_3$

(Avec x_1 est la concentration de L-alanine, x_2 est la concentration de D-glucose et x_3 est le niveau de la température d'incubation)

L'analyse de la variance (ANOVA) du modèle quadratique a été réalisée par le logiciel statgraphics. La valeur du coefficient de corrélation R^2 (0,9644) a été significative indique qu'il y a un degré élevé de corrélation entre les valeurs observées et celles prédites. La signification statistique de chaque coefficient a été déterminée. Les coefficients linéaires (x_1, x_2 et x_3) et les coefficients quadratiques (x_1^2 et x_2^2) sont significatifs avec des faibles valeurs de probabilité (p <0,05). Alors que les coefficients d'interaction (x_1x_2, x_1x_2, x_2x_3) et le coefficient x_3^2 ne sont pas significatifs (p>0,05).

Afin de valider la qualification d'équation polynôme (Eq 3), dix expériences de vérification ont été effectuées sous différentes combinaisons des paramètres du processus. Les valeurs expérimentales sont jugées de manière significative en accord avec celles prédites, avec un coefficient de corrélation (R^2) de l'ordre de 0,94 et un niveau statistique significatif de probabilité (p <0,0001) (Figure 15). Le modèle est fourni en tant qu'une méthode assez fiable pour prédire la germination des spores de *B. sporothermodurans* LTIS27 par les éléments nutritifs.

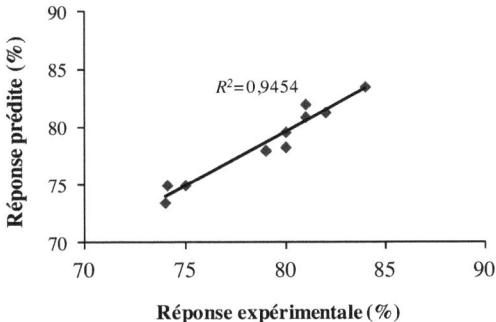

Figure 15 : Comparaison des valeurs prédites et celles expérimentales des expériences de vérification du modèle de la germination des spores induite par les éléments nutritifs.

4. 2. Conditions optimales de germination des spores par les éléments nutritifs

Les courbes d'isoréponses et les graphiques des surfaces de réponses donnés par le logiciel utilisé sont présentés sur la figure 16. Dans chaque figure, un facteur est maintenu constant à sa valeur optimale déterminée par le logiciel utilisé.

La figure 16a résume l'effet de L-alanine et de D-glucose, en gardant la température à sa valeur optimale (35°C), sur la germination des spores de *B. sporothermodurans* LTIS27. Le taux de germination augmente avec l'augmentation des concentrations de L-alanine et de D-glucose atteignant un taux de 100% à une concentration de L-alanine entre 50 et 60 mM et de D-glucose entre 8 et 10 mM.

L'interaction de L-alanine et de la température, à une concentration constante de D-glucose 9 mM, sur le taux de germination est présentée sur la figure 16b. Dans la gamme de concentration de L-alanine de 55 à 60 mM et de température allant de 34 à 36°C, le taux de germination est alentours de 100%.

La figure 16c met en évidence le taux de germination des spores de *B. sporothermodurans* en fonction de la température d'incubation et de la concentration de D-glucose en présence de 60 mM de L-alanine. Un taux de germination de l'ordre de 100% a été observé en présence de 9 à 10 mM de D-glucose et dans une gamme de température entre 32 et 38°C.

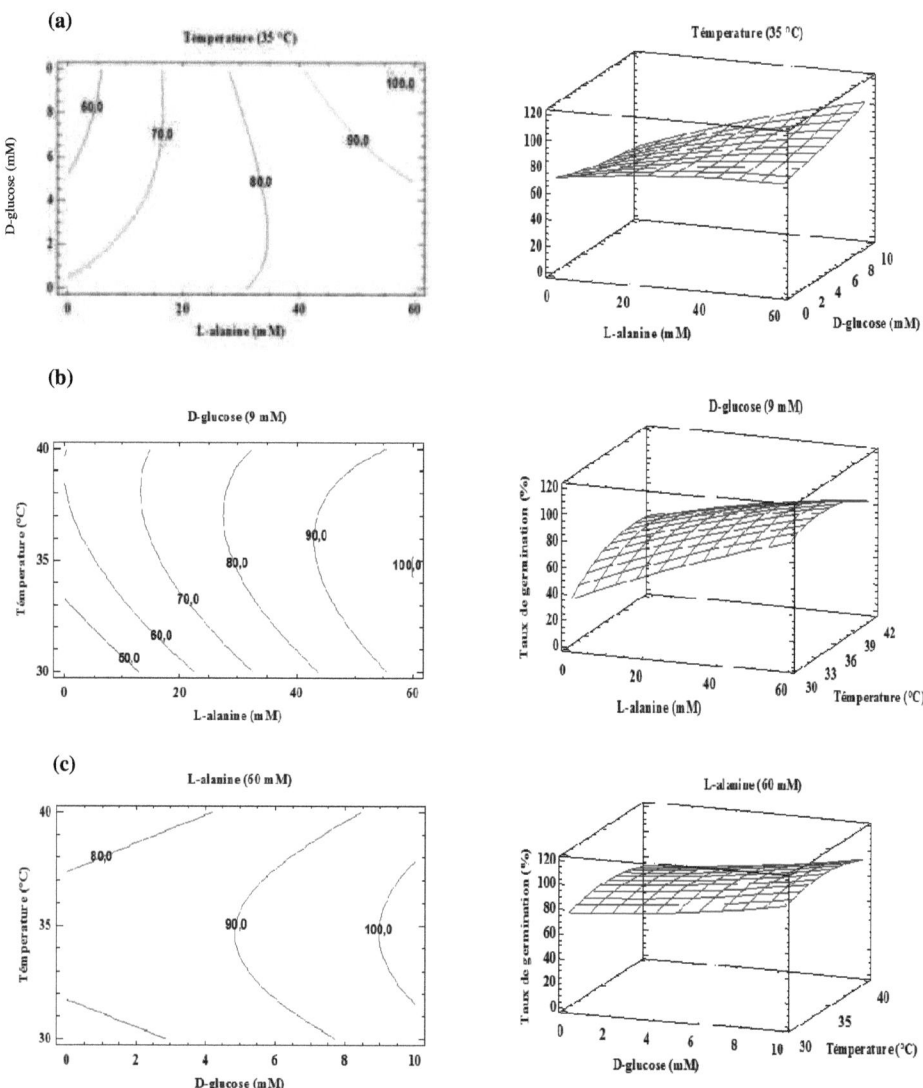

Figure 16 : Courbes d'isoréponses et graphiques de surfaces de réponses montrant l'effet de L-alanine et de D-glucose (a), de L-alanine et de la température (b) et de D-glucose et de la température (c) sur la germination des spores de *B. sporothermodurans* LTIS27. Les données sur les courbes d'isoréponses sont le taux de germination (%).

En se basant sur l'analyse de l'ensemble des courbes d'isoréponses, nous pouvons noter qu'il n'existe aucun effet synergique significatif entre les trois paramètres mais un effet quadratique a été mis en évidence pour deux facteurs (L-alanine et D-glucose). Une germination optimale (100%) a été obtenue, après incubation des spores à 35°C pendant 60 min, en présence de 60 mM de L-alanine et 9 mM de D-glucose. Les conditions optimales induisant la germination des spores de *B. sporothermodurans* obtenues à partir de cette étude différaient de celles obtenues dans d'autres études réalisées sur la germination des spores de *Bacillus*. En effet, Ireland et Hanna (2002) ont constaté qu'une germination optimale de spores de *B. anthracis* (98%) a été obtenue en présence de L-alanine (100 mM). Pour *B. cereus*, certains acides aminés (L-alanine, L-cystéine, L-thréonine et L-glutamine) et l'inosine peuvent déclencher une réponse importante de germination (entre 90 et 100%) (Hornstra et *al.* 2008). Pour *B. megaterium* et *B. subtilis*, une germination rapide et importante a été observée en présence de L-alanine et de L-proline respectivement (Rossignol and Vary, 1979; McCann et *al.* 1996). Ces résultats montrent que le processus de la germination dépend de l'espèce étudiée.

II. Etude de la germination des spores induite par la pression hydrostatique

Dans la première partie de ce chapitre, nous avons étudié l'effet des différents éléments nutritifs et de certains facteurs comme le pH, la température et les cations sur la germination des spores de *B. sporothermodurans* LTIS27. En effet, nous avons réussi à déterminer les germinants spécifiques de ces spores et les conditions optimales de leur germination en présence des éléments nutritifs. Afin d'approfondir notre connaissance sur la germination de cette espèce, nous nous sommes intéressés, dans cette deuxième partie, à étudier la germination de ses spores induite par la HP et les effets de différents facteurs (niveau de la pression et de la température, la durée du traitement, le temps et la température d'incubation après pressurisation) sur ce processus et sélectionner les meilleures conditions de la germination dans l'eau distillée et dans le lait écrémé.

1. Effet de la pression sur la germination des spores

La germination des spores de *B. sporothermodurans* LTIS27, induite par divers niveaux de pressions (de 50 à 600 MPa) à 20°C pendant 5 min, est résumée dans la figure 17. La pression allant de 100 à 200 MPa pendant 5 min à 20°C a induit une réponse modérée de germination (entre 52 et 62%). En revanche, de 500 à 600 MPa, les spores ont montré un faible taux de germination (de 25 à 11%). Ces résultats montrent que la germination des spores de *B.*

sporothermodurans est induite mieux à des niveaux modérés de pression (100-200 MPa) qu'à des niveaux plus élevés (600 MPa). Ce comportement est différent de celui rapporté pour d'autres espèces de *Bacillus* et *Clostridium*. En effet, la germination de *B. cereus* était incomplète, mais elle a augmenté avec la pression de 2,5log (99%) à 100 MPa à 4log (99,99%) à 600 MPa (Opstal et *al.* 2004). La germination de spores de *Clostridium* varie selon les espèces. Par exemple, la germination de spores de *C. Laramie* n'a pas dépassée 12% dans une gamme de pression allant de 138 à 483 MPa alors que le taux de germination est compris entre 79 et 99% pour *C. tertium* après un traitement entre 276 et 483 MPa. En outre, les faibles niveaux de pression ont provoqué une germination modérée de spores de *C. tertium* et le taux de germination augmente avec le niveau de pression (Kalchayanand et *al.* 2004).

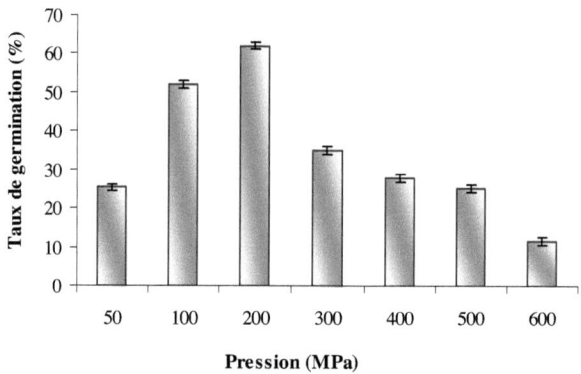

Figure 17 : Effet de la pression (de 50 à 600 MPa) à 20°C pendant 5 min sur la germination des spores de *B. sporothermodurans* LTIS27 dans l'eau distillée.

Diverses études ont montré que la pression entre 100 et 600 MPa peut induire la germination des spores de *Bacillus* (Wuytack et *al.* 1998; Minh et *al.* 2010). En outre, deux mécanismes de germination des spores par la pression ont été distingués selon les niveaux de pressions utilisés. Wuytack et ses collaborateurs (1998) ont comparé la germination des spores induite à 100 MPa et 600 MPa. La germination des spores, à 100 MPa et 200 MPa à température ambiante, est réalisée par le même mécanisme que celui observé dans la germination en présence des éléments nutritifs (Clouston and Wills, 1969; Wuytack et *al.* 1998). Par contre, la germination à 500 MPa et à température ambiante est induite par un autre mécanisme (Wuytack et *al.* 1998). La pression à 500 MPa n'active pas les récepteurs des éléments nutritifs mais elle provoque l'ouverture des canaux DPA-Ca^{2+} (Paidhungat et *al.* 2002; Black et *al.* 2007).

Vu que la germination des spores de *B. sporothermodurans* a été induite à faible niveau de pression (entre 100 et 200 MPa), nous pouvons émettre l'hypothèse que la germination par la pression se produit suite à l'activation des récepteurs des éléments nutritifs. La libération du DPA à une pression supérieure à 500 MPa n'aurait pas lieu. Nos résultats suggèrent que la germination des spores de *B. sporothermodurans* LTIS27 est induite par un seul mécanisme.

Cependant, le taux de germination des spores de *B. sporothermodurans* à température ambiante dans l'eau distillée n'a pas dépassé 62%. En général, le taux de germination des spores après un traitement sous pression est très variable selon les études (Wuytack et *al.* 1998; Kalchayanand et *al.* 2004; Opstal et *al.* 2004; Minh et *al.* 2010). En fait, le processus de germination varie non seulement avec les espèces et entre les souches de la même espèce mais aussi avec les conditions du traitement (le niveau de la pression, la température et la durée du traitement) et les paramètres physico-chimiques de l'environnement (pH du milieu de suspension, le pH du milieu de sporulation) (Opstal et *al.* 2004; Black et *al.* 2007). Ainsi, nous nous sommes intéressés à tester les effets de la température, de la durée du traitement, du temps et de la température d'incubation après traitement sur la germination des spores de *B. sporothermodurans*.

2. Effet de la durée du traitement, de la température, du temps et de la température d'incubation post-pressurisation sur le taux de germination

Afin de déterminer les facteurs qui ont une influence sur la germination induite par la pression, nous avons testé séparément l'effet de la durée du traitement (5 à 30 min), de la température (20 à 50°C), du temps et de la température (4 ou 37°C) d'incubation après traitement (10 à 12 min) sur la germination des spores de *B. sporothermodurans* LTIS27. Toutes les expériences ont été réalisées à 200 MPa car ce niveau de pression était optimal pour induire la germination des spores (Figure 17).

En analysant la figure 18 qui montre la relation entre la germination induite par la pression (200 MPa et 20°C) et la durée du traitement (5 à 40 min), nous pouvons constater qu'un traitement sous pression de 5 et 30 min a induit un taux de germination de l'ordre de 62 et 88% respectivement. Néanmoins, après 40 min du traitement, le taux de germination n'a pas dépassé 90%. Bien que la durée de la pression ait augmenté considérablement le taux de germination, il est clair qu'il tend vers une valeur maximale et que l'augmentation de la durée du traitement n'augmente pas nécessairement le taux de germination. Cette remarque est compatible avec celle des travaux antérieurs réalisés sur les spores de *B. subtilis* (Black et *al.* 2007; Minh et *al.* 2010). En effet, selon Black et ses collaborateurs (2007), le taux de germination a augmenté pendant les dix premières minutes du traitement et le prolongement du temps jusqu'à 60 min avait un faible effet sur la germination induite par la pression. Selon Minh et ses collaborateurs (2010), la pression a induit une germination importante dans les 30 premières minutes du traitement.

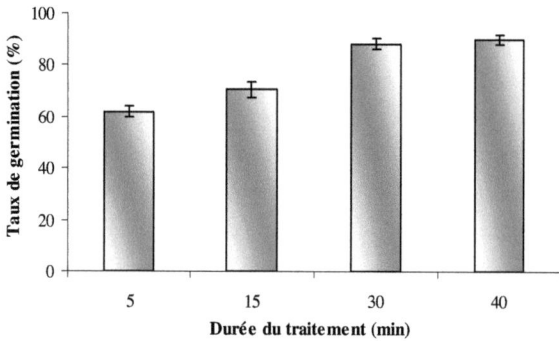

Figure 18 : Effet de la durée du traitement sous pression (200 MPa à 20 °C) sur la germination des spores de *B. sporothermodurans* LTIS27 dans l'eau distillée.

L'effet de la température sur la germination des spores de *B. sporothermodurans* LTIS27 induite par la pression (200 MPa pendant 5 min) a été mesuré sur une gamme de température allant de 20 jusqu'à 50°C (Figure 19). La température qui a entraîné un taux important de germination (62%) était 20°C. Le taux de germination a diminué avec l'augmentation de la température et a atteint 43% et 35% à 45°C et 50°C respectivement. Les données actuellement disponibles indiquent que la germination des spores de certaines espèces de *Bacillus* et *Clostridium* peut être induite dans une gamme de température allant de 20 à 50°C (Kalchayanand et al. 2004; Opstal et al. 2004). Généralement, dans cette gamme de température, la germination induite par la pression augmente avec la température (Raso et al. 1998; Oh and Moon, 2003; Opstal et al. 2004). Mais selon Opstal et ses collaborateurs (2004), une petite fraction de spores non germées reste toujours. Bien que, sur une gamme de pression allant de 100 à 600 MPa, la température entre 30 et 40°C a augmenté le taux de germination des spores de *B. cereus*, une température supérieure à 40°C n'avait pas d'effet sur ce processus (Opstal et al. 2004).

En général, le processus de germination des spores peut être divisé en deux étapes. Dans la première étape, les spores perdent en partie leur imperméabilité à l'eau, ce qui conduit à un afflux d'eau et une libération du DPA-Ca^{2+}. En conséquence, elles deviennent sensibles à la chaleur humide (Setlow, 2003). Au cours de la deuxième étape, la digestion du cortex aurait lieu, ce qui conduit à la réhydratation de spores. En conséquence, elles perdent leur résistance à divers stress à savoir la HP (Wuytack et *al*. 1998). Selon Minh et ses collaborateurs (2010), la pression induit la phase I de la germination, mais peut inhiber la progression du stade I au stade II. Les spores résistantes à la pression observées dans notre étude pourraient être bloquées dans la première étape de la germination.

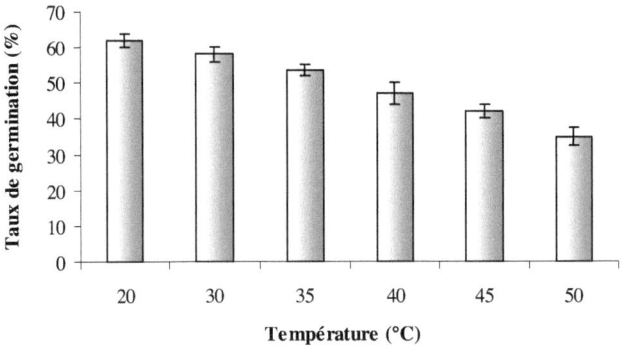

Figure 19 : Effet de la température sur la germination des spores de *B. sporothermodurans* LTIS27 induite par la pression (200 MPa pendant 5 min) dans l'eau distillée

Parce que la germination est un processus long, nous avons mesuré le taux de germination des spores de *B. sporothermodurans* LTIS27 après un traitement sous pression à 200 MPa/20°C pendant 5 min et à différents temps d'incubation après traitement. Deux températures d'incubation ont été testées: 4°C et 37°C. La figure 20 illustre que le nombre de spores sensibles à la chaleur augmente progressivement au cours du temps d'incubation à la pression atmosphérique. Le taux de germination n'était pas important après un traitement durant 5 min, il est de l'ordre de 62%, alors qu'après une incubation pendant 2h à 37°C, il atteint 93%. En plus, une incubation à 4°C avait un effet inhibiteur sur la germination des spores de *B. sporothermodurans*. Ces résultats montrent que la germination peut être activée par la pression et se poursuit après le traitement à la pression atmosphérique. Le processus de la germination est prévu de s'arrêter au stade précoce de la phase II en raison de l'absence d'éléments nutritifs. Le fait que la germination n'augmente qu'à 37°C pourrait être lié à l'activation des enzymes impliquées dans le processus de la germination par la température. L'augmentation du taux de germination au cours du temps d'incubation après la décompression a été également observée par Minh et ses collaborateurs (2010) chez les spores de *B. subtilis* et par Kalchayanand et ses collaborateurs (2004) chez celles de *Clostridium*. Toutefois, ces derniers auteurs ont signalé que la germination des spores de *Clostridium* a augmenté de la même manière à 4°C et 25°C pendant 24h d'incubation après pressurisation.

La caractérisation de la germination des spores de *B. sporothermodurans* LTIS27 par la pression hydrostatique montre que ces spores présentent un comportement spécifique probablement lié aux propriétés physiologiques spécifiques de ces spores.

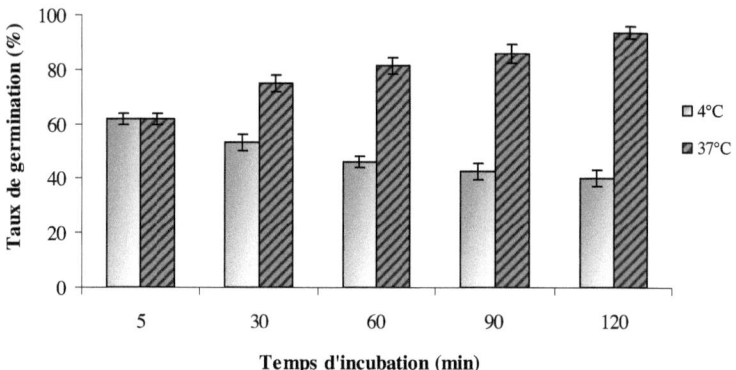

Figure 20 : Effet du temps d'incubation, à 4°C ou 37°C, après traitement sous pression à 200 MPa à 20°C pendant 5 min sur la germination des spores de *B. sporothermodurans* LTIS27 dans l'eau distillée

Par la suite, nous avons essayé d'optimiser la germination des spores de *B. sporothermodurans* LTIS27, dans le lait et dans l'eau distillée, en recourant à la méthodologie des surfaces de réponses. Trois facteurs ont été choisis : la pression (100-300 MPa), la durée du traitement (10-30 min) et le temps d'incubation après traitement à 37° C (30-90 min).

3. Optimisation de germination des spores induite par la pression hydrostatique
3. 1. Analyse statistique et validation du modèle

La germination des spores de *B. sporothermodurans* LTIS27, dans l'eau distillée et dans le lait, par la pression hydrostatique a été étudiée moyennant un plan d'expérience composite centré. La réponse (Y) qui est représentée par un polynôme du second degré contenant 10 coefficients correspond au taux de germination (Y_1: dans l'eau distillée et Y_2: dans le lait).

Eq (4): $Y_1 = -24,10 + 0,74x_1 + 2,54x_2 + 0,57x_3 - 0,002x_1^2 - 0,039x_2^2 - 0,002x_3^2 - 0,001x_1x_2 - 0,00008x_1x_3 - 0,002x_2x_3$

Eq (5): $Y_2 = 27,22 + 0,66x_1 + 1,05x_2 + 0,102x_3 - 0,002x_1^2 - 0,02x_2^2 - 0,001x_3^2 + 0,0008x_1x_2 + 0,0003x_1x_3 + 0,003x_2x_3$

Avec x_1 est le niveau de la pression, x_2 est la durée du traitement et x_3 est le temps d'incubation après traitement à 37°C

L'ANOVA du modèle quadratique est réalisée par le logiciel statgraphics. Les valeurs de R^2 (0,9574 et 0,9572 pour les équations (4 et 5)) ont été significatives indiquent qu'il y a un degré élevé de corrélation entre les valeurs observées et celles prédites. La signification statistique de chaque coefficient a été déterminée à l'aide des valeurs de probabilité. Pour les deux équations (1 et 2), les coefficients linéaires (x_1, x_2 et x_3) et les coefficients quadratiques (x_1^2 et x_2^2) sont significatifs avec des faibles valeurs de probabilité (p <0,05). Les coefficients d'interaction (x_1x_2, x_1x_2, x_2x_3) et le coefficient x_3^2 ne sont pas significatifs (p > 0,05).

Dix expériences de vérification ont été effectuées sous différentes combinaisons des paramètres du processus, afin de valider la qualification des équations polynômes (Eqs 4 et 5). Les valeurs expérimentales sont jugées de manière significative en accord avec celles prédites, avec un coefficient de corrélation (R^2) de l'ordre de 0,99 et un niveau statistique significatif de p <0,0001 (Figure 21). Le modèle est fourni en tant qu'une méthode assez fiable pour prédire la germination des spores de *B. sporothermodurans* LTIS27 par la pression hydrostatique dans l'eau distillée et dans le lait.

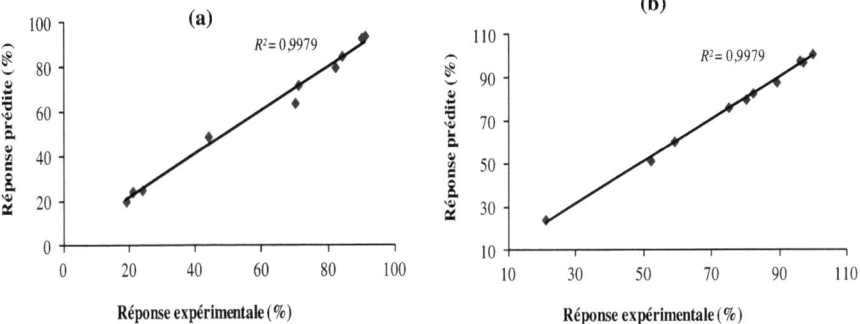

Figure 21 : Comparaison des valeurs prédites et celles expérimentales des expériences de vérification du modèle de la germination des spores induite par la pression dans l'eau distillée (a) et dans le lait (b).

3. 2. Conditions optimales de la germination des spores induite par la pression

Les représentations graphiques sont obtenues par la résolution des équations de régressions (4 et 5) au moyen du logiciel statgraphics. Les courbes d'isoréponses et les graphiques de surfaces de réponses représentés sur les figures 22 et 23 résument l'effet de la pression, de la durée du traitement et du temps d'incubation après traitement sur le taux de germination des spores de *B. sporothermodurans* LTIS27 dans l'eau distillée et dans le lait.

Dans chaque figure, un facteur est maintenu constant à sa valeur optimale déterminée par le logiciel utilisé.

L'effet de la pression et de la durée du traitement, en gardant le temps d'incubation post-pressurisation à sa valeur optimale (90 min dans l'eau distillée et 55 min dans le lait), sur la germination des spores est présenté sur les figures 21a et 22a. Nous pouvons remarquer que le taux de germination augmente avec le niveau croissant de pression allant de 50 à 200 MPa et avec la durée du traitement, atteignant un taux de 100% à un niveau de pression entre 130 et 200 MPa et à une durée du traitement entre 15 et 30 min.

L'interaction de la pression et du temps d'incubation post-pressurisation, à une durée constante du traitement (25 min dans l'eau distillée et 20 min dans le lait), est illustrée par les figures 21b et 22b. Dans la gamme de pression allant de 130 à 200 MPa et du temps d'incubation post-pressurisation de 50 à 90 min, le taux de germination est supérieur à 99%.

Les figures 21c et 22c montrent la variation du taux de germination des spores de *B. sporothermodurans* LTIS27 en fonction de la durée du traitement et du temps d'incubation post-pressurisation à une pression de 163 MPa dans l'eau distillée et de 147 MPa dans le lait. Un taux de germination de l'ordre de 100% est observé après un traitement de 15 à 30 min et une incubation post-pressurisation de 50 à 100 min.

Dans cette partie du travail, la germination des spores de *B. sporothermodurans* LTIS27 par la pression hydrostatique est optimisée en recourant à un plan d'expérience. Une germination optimale (100%) a été obtenue après un traitement de 163 MPa pendant 25 min à 20°C et après une incubation post-pressurisation de 90 min dans l'eau distillée et après un traitement de 147 MPa pendant 20 min à 20°C et après une incubation post-pressurisation de 55 min dans le lait. Nous avons ensuite testé les conditions optimales données par le modèle. Les résultats de germination ont été exprimés en log décimal. Le taux de germination obtenu avec les données expérimentales est de l'ordre de 5log pour l'eau distillée et 5,2log pour le lait avec une concentration initiale des spores de l'ordre de 5,7log. Bien que le taux de germination était significativement plus élevé dans le lait, nous n'avons jamais obtenu une germination totale comme cela a déjà été signalé par plusieurs études avec d'autres espèces de *Bacillus* (Opstal et *al.* 2004 ; Minh et *al.* 2010).

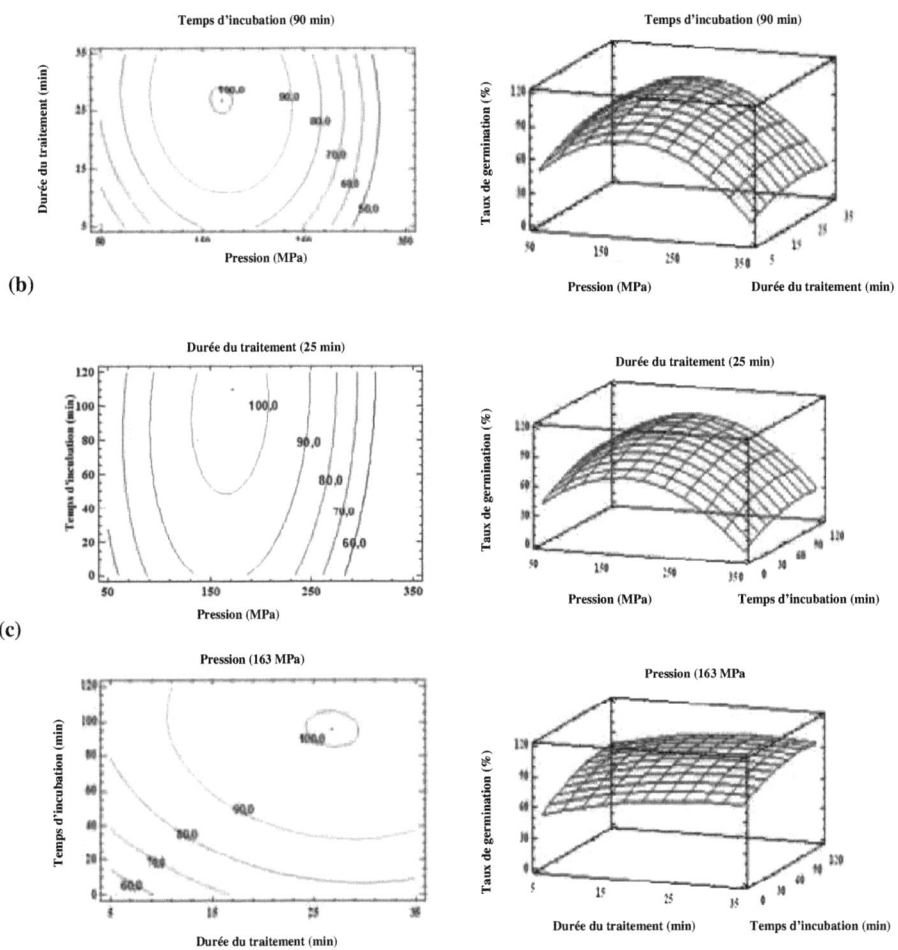

Figure 22 : Courbes d'isoréponses et graphiques de surface de réponses montrant les effets de la pression et de la durée du traitement (a), de la pression et du temps d'incubation après traitement (b) et de la durée du traitement et du temps d'incubation après traitement (c) sur la germination des spores de *B. sporothermodurans* LTIS27 dans l'eau distillée. Les données sur les courbes d'isoréponses correspondent au taux de germination (%).

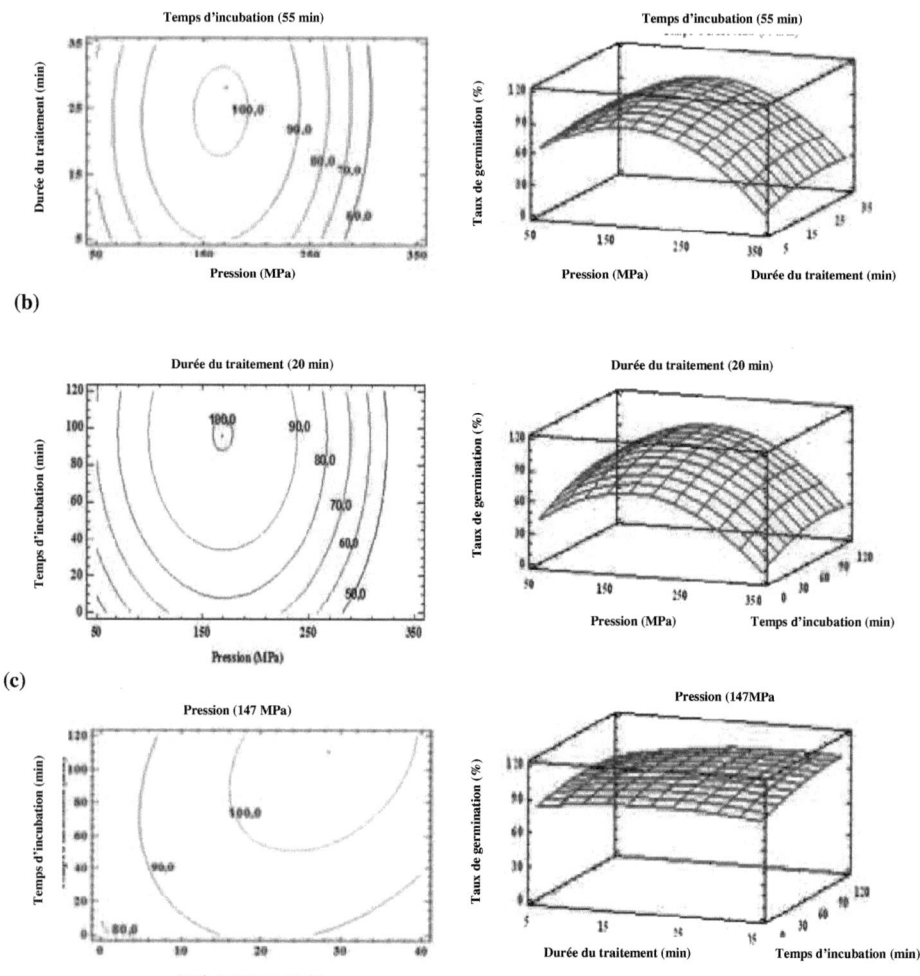

Figure 23 : Courbes d'isoréponses et graphiques de surfaces de réponses montrant les effets de la pression et de la durée du traitement (a), de la pression et du temps d'incubation après traitement (b) et de la durée du traitement et du temps d'incubation après traitement (c) sur la germination des spores de *B. sporothermodurans* LTIS27dans le lait. Les données sur les courbes d'isoréponses correspondent au taux de germination (%).

L'analyse de l'ensemble des courbes d'isoréponses montre qu'il n'existe aucun effet synergique significatif entre les trois paramètres mais un effet quadratique a été mis en évidence pour les trois facteurs dans l'eau distillée et dans le lait. En outre, la germination des spores de *B. sporothermodurans* LTIS27 est plus prononcée et rapide dans le lait que dans l'eau distillée à toutes les conditions testées. Cette remarque est en concordance avec celle d'autres travaux antérieurs réalisés sur certaines espèces de *Bacillus*. En effet, Opstal et ses collaborateurs (2004) ont rapporté que les spores de *B. cereus* ont germé de façon très efficace dans le lait écrémé sous pression, parce que la pression et les composants germinatifs présents dans le lait agissent en synergie. En fait, ces auteurs montrent que dans le lait, presque toute la population de spores (6log) a été germée indépendamment du niveau de la pression, tandis que dans le tampon, la germination était incomplète, mais elle a augmenté avec la pression de 2,5log à 100 MPa à 4log à 600 MPa (Opstal et *al.* 2004). Il a été rapporté que la germination peut être déclenchée par une variété de facteurs, notamment les éléments nutritifs et non nutritifs et par les facteurs physiques (Irie et *al.* 1982; Ireland and Hanna, 2002; Setlow et *al.* 2003). Par conséquent, une application du traitement sous pression avec une éventuelle présence du germinant spécifique des spores de *B. sporothermodurans* dans le lait pourrait être la raison de la germination rapide dans le lait. Shigeta et ses collaborateurs (2007) ont étudié la germination de spores de *Bacillus* induite par la pression en présence et en absence de nutriments et ont montré que la germination à faible pression (20-60 MPa) a été induite de manière plus efficace dans le bouillon du glucose que dans le tampon phosphate. Par ailleurs, selon Gould et Sale (1970), la germination initiée par faible pression (100 MPa) est nettement affectée par la composition du milieu (présence de L-alanine) et l'influence de L-alanine diminue avec l'augmentation de la pression et devient négligeable entre 101 et 203MPa. Le fait que la germination des spores de *B. sporothermodurans* induite par l'activation des récepteurs des éléments nutritifs explique la rapidité de ce processus dans le lait que dans l'eau distillée. Nous pouvons émettre l'hypothèse que la pression provoque le stade I de la germination et les éléments nutritifs présents dans le lait complètent la germination. Il a été rapporté que la germination induite par la pression était incomplète et les spores résistantes natives pourraient germer en présence des éléments nutritifs (Minh et *al.* 2010).

Les conditions optimales induisant la germination des spores de *B. sporothermodurans* LTIS27 obtenues dans cette étude (163 MPa/20°C/25 min dans l'eau distillée et 147 MPa/ 20°C/20 min dans le lait) différaient de celles obtenues dans d'autres études réalisées sur la germination des spores de *Bacillus*. En effet, Wuytack et ses collaborateurs (1998) ont constaté qu'une germination optimale de spores de *B. subtilis*, a été obtenue après un traitement de 200

MPa pendant 30 min à 40°C. Pour *B. cereus*, deux conditions de germination de ses spores ont été mise en évidence; 200 MPa/30 min/40°C (Opstal et *al*. 2004) et 300 MPa/20°C (Oh and Moon, 2003). Raso et ses collaborateurs (1998) ont démontré qu'une germination de 6,9log a été observée après un traitement de 690 MPa à 40°C pendant 15 min pour les spores de *B. cereus* dans un tampon phosphate. Ces résultats montrent que le processus de la germination dépend de l'espèce, des conditions du traitement et de la composition du milieu de germination.

Conclusion

La germination des spores de *B. sporothermodurans* LTIS27 induite par les éléments nutritifs (D-glucose, D-fructose, les acides aminés essentiels et l'inosine) et la HP a été étudiée. Ces spores ont montré un comportement spécifique différent de celui d'autres espèces de *Bacillus*. Premièrement, les germinants spécifiques de *B. sporothermodurans* sont le D-glucose, le L-alanine et l'inosine et le taux optimal de germination induit par les éléments nutritifs a été obtenu après incubation des spores, en présence de 9 mM de D-glucose et 60 mM de L-alanine, pendant 60 min à 35°C. De plus, nous avons constaté que l'inosine et le L-alanine peuvent être utilisés en tant que co-germinant à faible concentration (1 mM) avec certains acides aminés. Ensuite, la germination est maximale à 200 MPa montrant qu'il n'y a probablement un seul mécanisme de germination par la pression. Par ailleurs, la température n'avait aucun effet significatif sur la germination. Alors que la durée du traitement et le temps d'incubation après traitement ont un effet important sur le taux de germination. La germination des spores de *B. sporothermodurans* était plus rapide dans le lait que dans l'eau distillée, mais la germination complète n'est pas atteinte. En outre, une germination optimale est obtenue après un traitement de 163 MPa pendant 25 min à 20°C et après une incubation post-pressurisation de 90 min dans l'eau distillée et après un traitement de 147 MPa pendant 20 min à 20°C et après une incubation post-pressurisation de 55 min dans le lait.

Les résultats obtenus mettent en évidence le potentiel d'utilisation des éléments nutritifs ou de la pression hydrostatique pour induire la germination des spores de *B. sporothermodurans* LTIS27 dans le lait avant un traitement thermique.

Chapitre III.
Inactivation des spores de *Bacillus sporothermodurans* par la pression hydrostatique

Introduction

La pression hydrostatique est une méthode non-thermique de conservation des aliments qui a double avantage : inactiver les microorganismes dans les aliments sans causer les effets nuisibles qui sont associés aux traitements thermiques conventionnels et initier la germination des spores de certaines bactéries. Plusieurs études ont montré que la pression de 200 à 800 MPa est efficace dans l'élimination des cellules végétatives. Néanmoins, les endospores bactériennes sont particulièrement résistantes et leur inactivation par la pression n'est réalisable en toute sécurité qu'en y associant des traitements synergiques. Comme les spores de *Bacillus* et *Clostridium* peuvent germer après un traitement à pression modérée et à température ambiante, une approche pourrait être utilisée pour inactiver les spores. Elle consiste à exposer les spores à la pression optimale pour induire la germination et l'excroissance puis à les exposer à un ou plusieurs traitements physiques ou chimiques pour détruire les spores germées avant de commencer leur multiplication. Ainsi, l'inactivation des spores exige la combinaison de la pression hydrostatique avec la chaleur modérée ou avec certains antimicrobiens. Les données actuellement disponibles indiquent que les endospores de certaines espèces de *Bacillus* et *Clostridium* sont inactivées par le traitement combiné de la pression (de 500 à 800 MPa) et de la température (60 à 80°C). De plus, la présence de la nisine dans le milieu au cours du traitement augmente l'efficacité de la pression dans l'inactivation des spores bactériennes dans le lait.

Dans le chapitre III, nous avons remarqué que la germination des spores de *B. sporothermodurans* LTIS27 a été induite à des niveaux modérés de pression. Ainsi, l'objectif de cette partie de recherche était d'étudier l'effet des facteurs environnementaux sur l'inactivation des spores de *B. sporothermodurans* LTIS27 par la pression hydrostatique et déterminer les conditions optimales de la destruction de ces dernières par la combinaison des traitements thermique et non-thermique (nisine) moyennant un plan d'expérience.

Matériel & méthodes

1. Souche bactérienne utilisée

Pour étudier l'inactivation des spores de *B. sporothermodurans* par la pression, nous avons aussi utilisé la souche LTIS27. Cette dernière est maintenue en culture dans le milieu BHI-vit B_{12}. Vingt-quatre heures avant l'utilisation, la culture est inoculée dans le bouillon BHI-vit B_{12} puis elle est incubée à 37°C pour obtenir une suspension bactérienne. Cette dernière est utilisée dans la préparation de spores à une concentration de 10^8 spores/ml comme décrit précédemment (Chapitre II).

2. Tests préliminaires sur l'inactivation des spores par la pression

Le pilote hautes pressions conçu par les ACB de Nantes a été aussi utilisé au cours de cette partie de recherche. Les spores sont diluées au ½ (5×10^7 spores /ml) dans des aliquotes de 2 ml d'eau distillée et enfermées dans des sachets souples en polyéthylène d'une épaisseur de 65 µm. Ensuite, elles sont conditionnées sous vide et soumises aux différents traitements qui sont résumés dans le tableau 11. Le dénombrement des spores est réalisé 10 min après chaque traitement.

Tableau 11 : Résumé des conditions du traitement sous pression de spores de *B. sporothermodurans* LTIS27.

Conditions	Pression (MPa)	Durée du traitement (min)	Température (°C)
1	de 50 à 600	5	20
2	600	5, 15, 30 et 40	20
3	600	5	30, 40, 45 et 50

3. Effet de la nisine sur les spores

La solution mère de la nisine (10^4 UI /ml) est préparée par dissolution de 10 mg de la nisine (Sigma Aldrich) dans 1 ml de HCl 0,02 N stérile. L'effet de cet antimicrobien sur les spores (5×10^7 sp/ml) a été testé. Les spores, après préparation, sont suspendues dans l'eau distillée stérile contenant différentes concentrations de nisine. Après 24h d'incubation à 37°C, le dénombrement des spores est réalisé sur le milieu BHI-vitB$_{12}$. Les résultats étaient exprimés comme étant les réductions de log décimal du nombre initial des spores (log N_0/N_1), avec N_0 et N_1 étaient le nombre initial des spores et le nombre des spores après traitement respectivement. Le contrôle positif correspond à l'eau distillée inoculée sans nisine. Alors que le contrôle négatif correspond à l'eau distillée non inoculée afin de déterminer la stérilité du milieu.

4. Inactivation des spores par la pression moyennant un plan d'expérience

Au cours de cette étude, nous avons utilisé le plan composite centré pour étudier, d'une part les effets de la température et de la durée du traitement et d'autre part de la température et de la nisine, sur l'inactivation des spores de *B. sporothermodurans* LTIS27 par la pression hydrostatique dans l'eau distillée et dans le lait écrémé. Les différents facteurs et niveaux utilisés pour chaque combinaison sont résumés dans le tableau 12. Les expériences sont exécutées dans des aliquotes de 2 ml contenant de l'eau distillée ou du lait. Les spores sont ajoutées, après préparation, à une concentration de $N_0 = 5 \times 10^7$ sp/ml. Ensuite, elles sont enfermées dans des sachets de polyéthylène et soumises aux différents traitements sous pression (Tableau 13). Après chaque traitement, le dénombrement des spores est effectué sur le milieu BHI-vitB$_{12}$. La réponse expérimentale est exprimée comme étant le nombre de la réduction de log décimale du nombre initial des spores (log (N_0 / N_1)).

Tableau 12 : Domaine expérimental du plan d'expérience composite centré.

Variables de commandes	Symboles		Valeur de variable				
	Codés	Expérimentaux	-1,68	-1	0	1	1,68
Pression/Température/Durée du traitement							
Pression (MPa)	x_1	X_1	231	300	400	500	568
Température (°C)	x_2	X_2	23	30	40	50	56
Durée du traitement (min)	x_3	X_3	3	10	20	30	36
Pression/Température/Nisine							
Pression (MPa)	x_1	$X_{1'}$	231	300	400	500	568
Température (°C)	x_2	$X_{2'}$	23	30	40	50	56
Nisine (UI/ml)	x_3	$X_{3'}$	15	50	100	150	184

Tableau 13 : Plans des essais expérimentaux pour trois variables (la pression, la température et la durée du traitement (a) et la pression, la température et la nisine (b)) selon le plan composite centré.

(a)   (b)

Essais	Facteurs			Essais	Facteurs		
	Pression (MPa)	Température (°C)	Durée (min)		Pression (MPa)	Température (°C)	Nisine (UI/ml)
1	568	40	20	1	400	40	100
2	500	50	10	2	400	40	100
3	400	40	36	3	500	50	150
4	300	50	30	4	231	40	100
5	300	50	10	5	400	40	15
6	400	40	20	6	300	30	150
7	231	40	20	7	568	40	100
8	500	30	10	8	300	30	50
9	400	23	20	9	500	50	50
10	500	30	30	10	300	50	50
11	500	50	30	11	400	23	100
12	300	30	10	12	500	30	50
13	300	30	30	13	400	40	184
14	400	40	20	14	300	50	150
15	400	40	3	15	500	30	150
16	400	40	20	16	400	56	100
17	400	56	20	17	400	40	100

Résultats & discussion

1. Effet de la pression sur l'inactivation des spores

Afin d'avoir une idée sur l'effet de la pression sur l'inactivation des spores de *B. sporothermodurans* LTIS27, nous avons testé une gamme de pression allant de 50 à 600 MPa à 20°C pendant 5 min. Pour la plupart des conditions testées, l'inactivation des spores de *B. sporothermodurans* n'était pas significative. Le taux d'inactivation n'a pas dépassé 0,1log, obtenu après un traitement de 600 MPa à 20°C pendant 5 min. En général, à température ambiante, une pression de plus de 1000 MPa est requise pour l'inactivation des spores bactériennes (Nakayama et *al*. 1996). En effet, l'inactivation des spores de *B. anthracis*, par une pression entre 250 et 500 MPa à 20°C pendant 10 min, a été négligeable (Cléry-Barraud et *al*. 2004). D'ailleurs, les spores de *C. sporogenes* sont très résistantes à la haute pression ; un traitement de 600 MPa pendant 30 min à 20°C ne provoque aucune inactivation significative (Mills et *al*. 1998). De même, Raso et ses collaborateurs (1998) ont signalé que le taux d'inactivation des spores de *B. cereus* était de l'ordre de 0,4log obtenu après un traitement de 250 MPa à 25°C pendant 15 min.

2. Effet de la durée du traitement et de la température sur l'inactivation des spores par la pression

L'effet de la température (de 20 à 50°C) sur l'inactivation des spores de *B. sporothermodurans* LTIS27 par la pression (600 MPa pendant 5 min) a été étudié (Figure 24a). Tout d'abord, à des températures supérieures à 20°C, l'inactivation des spores était significative. Lorsque les spores sont soumises sous pression (600 MPa /5 min) à une température allant de 40 à 50°C, l'inactivation se situait entre 2,7 et 3,1log. Ce niveau d'inactivation est faible en comparaison à celui d'autres espèces de *Bacillus*. En effet, pour *B. subtilis*, une réduction de 5,7log a été observée après un traitement à 495 MPa et 46°C pendant 7 min (Gao and Jiang, 2004). Pour *B. cereus*, une réduction de 5,4log a été obtenue après un traitement sous pression à 500 MPa et 60°C pendant 15 min (Opstal et *al*. 2004). Le niveau d'inactivation des spores observé avec *B. sporothermodurans*, dans la présente étude, a été semblable à celui rapporté pour les spores de *Clostridium*. En effet, selon Kalchayanand et ses collaborateurs (2004), l'inactivation des spores de *C. tertium*, après un traitement sous pression à 483MPa pendant 5 min à 50°C, n'a pas dépassé 2,7log.

La figure 24b résume l'effet de la durée du traitement sur l'inactivation des spores par la pression (600 MPa/20°C). Le niveau d'inactivation des spores de *B. sporothermodurans* LTIS27, après un traitement à 600 MPa pendant 5 min, est inférieur à 0,1log. Cependant, l'inactivation augmente avec l'augmentation de la durée du traitement atteignant 2log après 40 min. Cette remarque est compatible avec celle des travaux antérieurs réalisés sur les spores d'autres espèces de *Bacillus* (Black et *al.* 2007; Minh et *al.* 2010).

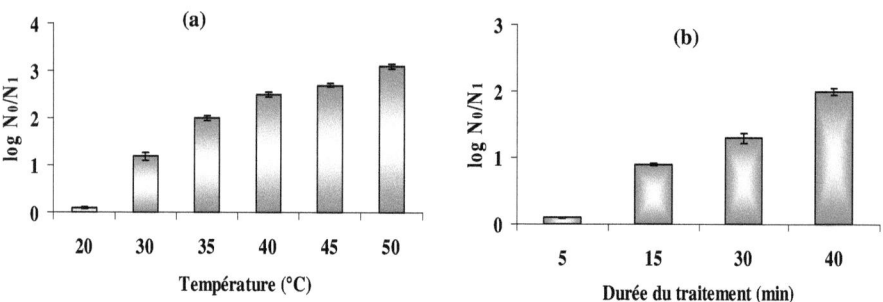

Figure 24 : Effet de la température (a) et de la durée du traitement (b) sur l'inactivation des spores de *B. sporothermodurans* LTIS27 par la pression (600 MPa/5 min et 600 MPa/20°C respectivement) dans l'eau distillée.

Finalement, nous avons remarqué que l'inactivation des spores de *B. sporothermodurans* LTIS27 augmente avec l'augmentation de la durée du traitement et le niveau de la température. Pour cela, nous nous sommes intéressés à optimiser ce processus en utilisant ces trois facteurs.

3. Inactivation des spores de *B. sporothermodurans* par la pression et la température
3. 1. Modèle prédictif de réponse et sa validation

L'inactivation des spores de *B. sporothermodurans* LTIS27 par les effets combinés de la pression, de la température et de la durée du traitement dans l'eau distillée et dans le lait a été étudiée en recourant à un plan d'expérience. La réponse (Y) a été mesurée en termes de réduction de log décimale du nombre initial des spores ($\log N_0 / N_1$) (Y_1: dans l'eau distillée et Y_2: dans le lait écrémé). Chacune a été représentée par une équation polynomiale du second degré, contenant 10 coefficients estimés (avec x_1 est la pression, x_2 est la température et x_3 est la durée du traitement).

Eq (6): $Y_1=15,69-0,052x_1-0,296x_2-0,159x_3+0,00004x_1^2+0,0002x_1x_3+0,0004x_1x_2+0,002x_2^2-0,0003x_2x_3+0,002x_3^2$

Eq (7): $Y_2=9,82-0,033x_1-0,14x_2-0,149x_3+0,00003x_1^2+0,0002x_1x_3+0,0002x_1x_2+0,0016x_2^2-0,0001x_2x_3+0,002x_3^2$

L'ANOVA du modèle quadratique a été réalisée avec le logiciel statgraphics. Les valeurs de R^2 (0,970 et 0977 pour les équations 6 et 7 respectivement) sont significatives indiquent qu'il y a une corrélation élevée entre les valeurs prédites et celles expérimentales. Pour les deux équations (6 et 7), les valeurs des coefficients sont calculées et testées pour leur signification. Les coefficients linéaires (x_1, x_2 et x_3), les coefficients quadratiques (x_1^2, x_2^2 et x_2^3) et les coefficients croisés (x_1x_2 et x_1x_2) sont significatifs avec des faibles valeurs de probabilité (p <0,05). Le coefficient (x_2x_3) n'était pas significatif.

La validation des équations polynomiales (6 et 7) est réalisée par dix expériences. Les valeurs expérimentales sont jugées de manière significative en accord avec celles prédites avec un coefficient de corrélation (R^2) de 0,99 et un niveau statistique significatif de p <0,0001 (Figure 25). Par conséquent, le modèle est fourni en tant qu'une méthode assez fiable pour prédire l'inactivation des spores de *B. sporothermodurans* LTIS27 dans l'eau distillée et dans le lait écrémé.

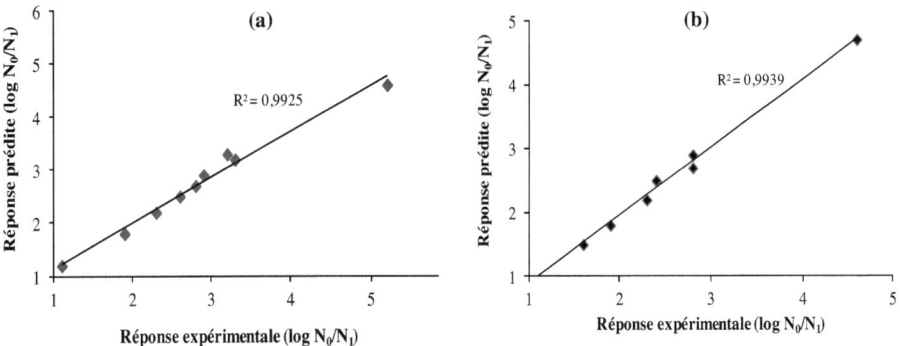

Figure 25 : Comparaison des valeurs expérimentales et prédites de dix expériences de validation du modèle de l'inactivation de spores de *B. sporothermodurans* LTIS27 par la pression et la température dans l'eau distillée (a) et dans le lait (b).

3. 2. Optimisation du processus d'inactivation des spores par la pression et la température

L'espèce de *B. sporothermodurans* est connue par la thérmo-résistance de ses spores. La charge maximale de cette bactérie dans le lait est de 10^5 UFC/ml du lait obtenue après 5 jours de stockage à 30°C (Hammer et *al*. 1995; Klijn et *al*. 1997). Ainsi, les paramètres du procédé pour une réduction de 5log des spores de *B. sporothermodurans* dans l'eau distillée et dans le lait ont été calculés en utilisant le modèle obtenu. Les représentations graphiques ont été obtenues en résolvant les équations de régression (6 et 7). Dans les figures 26 et 27, les graphiques de surfaces de réponses et les courbes d'isoréponses montrent l'effet de la pression, de la température et de la durée du traitement sur l'inactivation des spores dans l'eau distillée et dans le lait. Dans chaque figure, un facteur est maintenu constant à sa valeur optimale donnée par statgraphics.

Les figures 26a et 27a mettent en évidence l'effet de la pression et de la température tout en gardant la durée du traitement à sa valeur optimale (26 min dans l'eau distillée et 30 min dans le lait) sur le taux d'inactivation des spores. La réduction du nombre de spores de *B. sporothermodurans* LTIS27 augmente avec l'augmentation du niveau de la pression et de la température, atteignant une réduction de 5log à des pressions entre 460 et 500 MPa et à des températures entre 45 et 50°C.

L'interaction de la pression et de la durée du traitement sur le taux d'inactivation des spores à une température constante (48 et 49°C dans l'eau distillée et dans le lait écrémé respectivement) est présentée sur les figures 26b et 27b. Dans la gamme de pression allant de 480 à 500 MPa et à une durée du traitement entre 25 et 30 min, le nombre initial des spores de *B. sporothermodurans* était réduit jusqu'à 5log.

L'inactivation des spores de *B. sporothermodurans* LTIS27 en fonction de la température et de la durée du traitement à une pression de 477 MPa dans l'eau distillée et de 495 MPa dans le lait est donnée par les figures 26c et 27c. Une réduction de 5log du nombre initial des spores de *B. sporothermodurans* est obtenue dans une gamme température et de durée du traitement allant de 47 à 50°C et de 24 à 30 min respectivement.

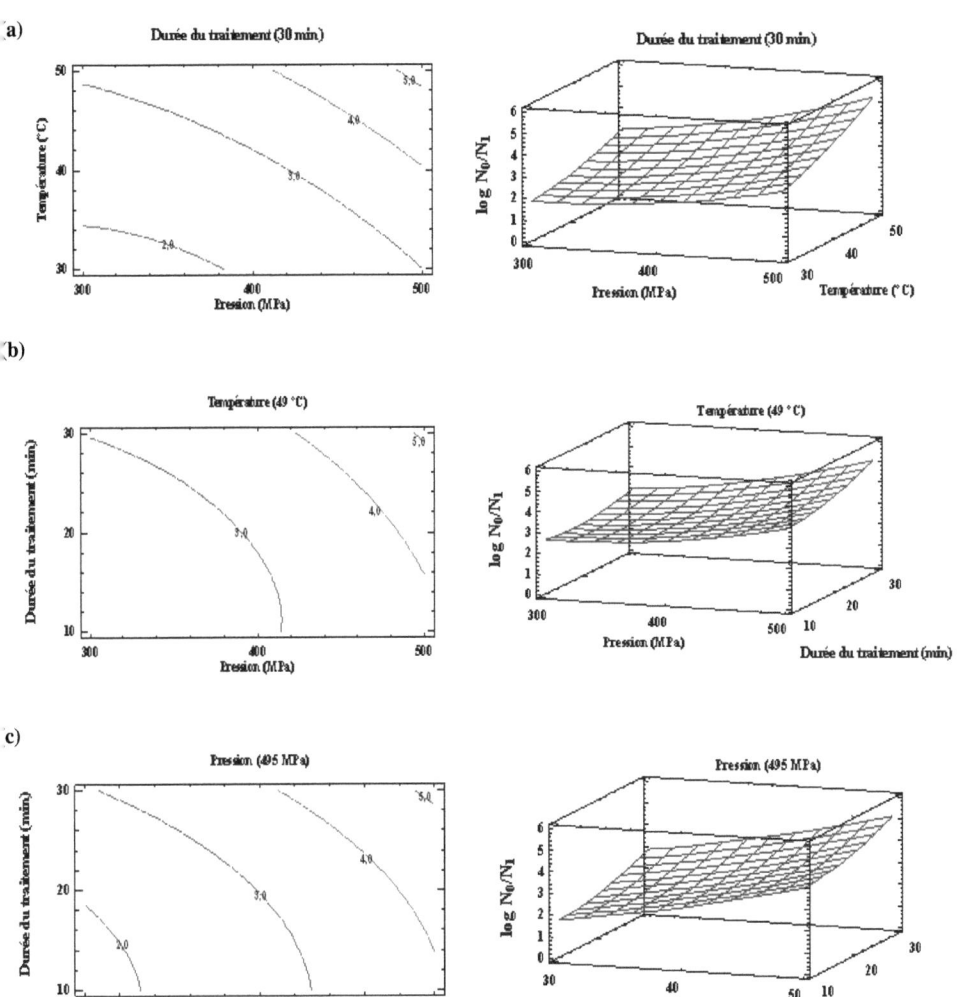

Figure 26 : Courbes d'isoréponses et graphiques de surfaces de réponses montrant l'effet de la pression et de la température (a), de la pression et de la durée du traitement (b) et de la température et de la durée du traitement (c) sur l'inactivation des spores de *B. sporothermodurans* LTIS27 dans le lait. Les données sur les courbes d'isoréponses sont les réductions décimales du nombre initial des spores (log N_0/N_1).

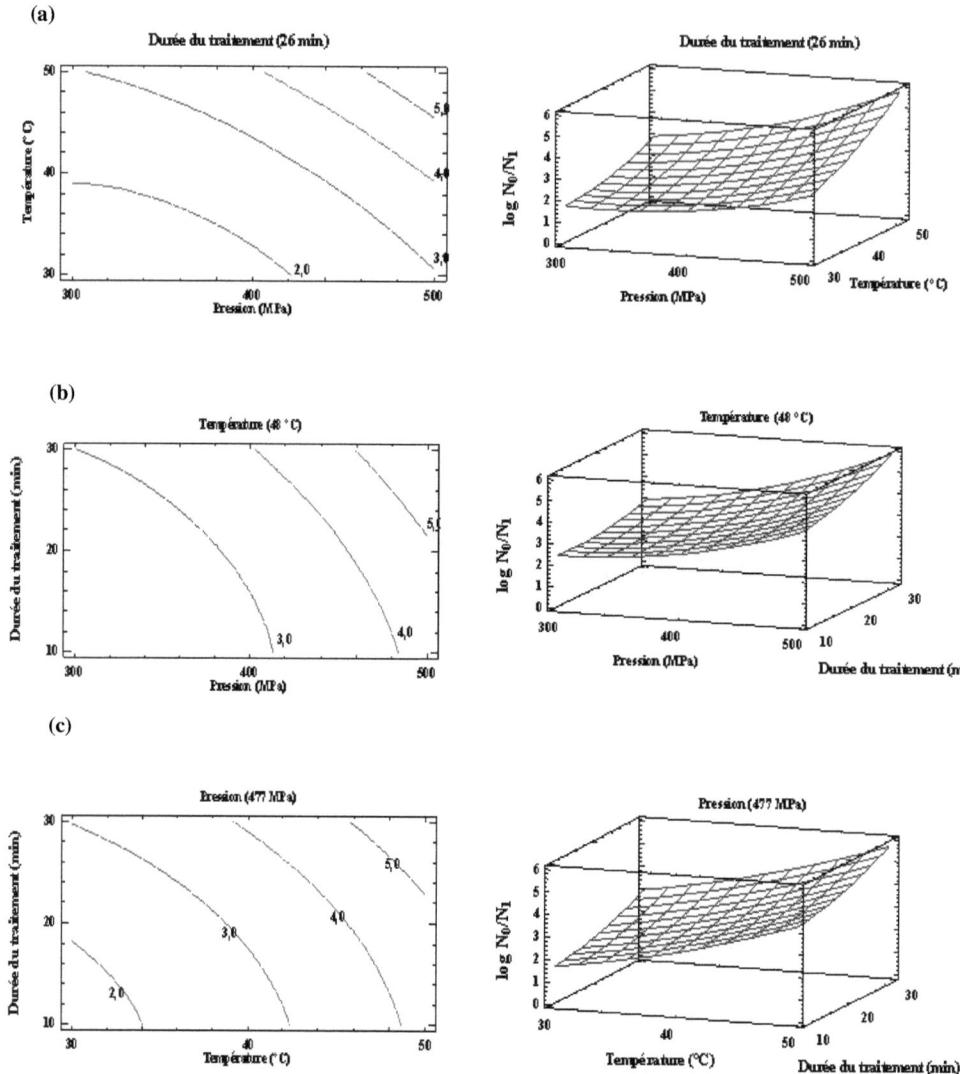

Figure 27 : Courbes d'isoréponses et graphiques de surfaces de réponses montrant l'effet de la pression et de la température (a), de la pression et de la durée du traitement (b) et de la température et de la durée du traitement (c) sur l'inactivation des spores de *B. sporothermodurans* LTIS27 dans l'eau distillée. Les données sur les courbes d'isoréponses sont les réductions décimales du nombre initial des spores (log N_0/N_1).

Les valeurs optimales de chaque paramètre pour obtenir une réduction de 5log du nombre initial des spores de *B. sporothermodurans* LTIS27, données par le modèle, sont comme suit: 477 MPa/48°C pendant 26 min dans l'eau distillée et 495 MPa/49°C pendant 30 min dans le lait. En analysant ces données, nous pouvons remarquer qu'une inactivation des spores de *B. sporothermodurans* LTIS27 par la pression en combinaison avec la température modérée était plus efficace dans l'eau distillée que dans le lait écrémé. Ce-ci peut être expliqué par l'existence de certains constituants qui protègent les spores contre la pression dans le lait. L'effet protecteur des constituants alimentaires sur les cellules bactériennes est bien connu et documenté. Plusieurs auteurs ont rapporté que les bactéries sont plus résistantes dans une matrice complexe comme le lait ou la viande que dans le tampon ou l'eau distillée (Chen and Hoover, 2003; Black et *al.* 2007; Kannapha et *al.* 2008). Chen et Hoover (2003) ont démontré que le lait UHT a un effet protecteur de *Yersinia enterocolitica* contre la pression (350-450 MPa/22°C pendant 10 min), avec des niveaux d'inactivation de 3,5 à 4,5log plus faible dans le lait que dans le tampon phosphate. Black et ses collaborateurs (2007) ont étudié l'effet protecteur de constituants du lait sur *L. innocua* traité par la pression. Ils ont révélé que les cations divalents (calcium et magnésium) peuvent protéger les membranes cellulaires contre la pression. L'effet reporté de la matrice alimentaire sur l'inactivation des spores est variable dans la littérature. Kannapha et ses collaborateurs (2008) ont montré que la viande du crabe avait un effet protecteur des spores de *B. cereus* en comparaison à celles suspendues dans l'eau distillée, traitées à 550 MPa/40°C pendant 15 min. Opstal et ses collaborateurs (2004) ont rapporté que l'inactivation des spores de *B. cereus* a été 1log plus important dans le lait que dans le tampon phosphate après un traitement à 600 MPa pendant 10 min à 60°C. Le niveau d'inactivation des spores ne suit pas toujours la tendance de la germination puisque cette dernière était plus importante dans une matrice alimentaire (viande de crabe ou lait) que dans un tampon ou dans l'eau distillée (Opstal et *al.* 2004; Kannapha et *al.* 2008). L'augmentation de la germination dans le lait ou dans la viande du crabe a été attribuée à la présence de certains germinants, comme le L-alanine, nécessaire dans le processus de germination en plus de la pression. Ainsi, il semble que les constituants des aliments ont deux effets opposés sur les spores au cours du traitement sous pression; certains peuvent accélérer la germination tandis que d'autres peuvent protéger les spores germées contre l'inactivation.

L'examen des courbes d'isoréponses montre que l'inactivation des spores augmente avec l'augmentation du niveau de trois facteurs (la pression, la température et la durée du traitement) dans l'eau distillée et dans le lait. Le modèle obtenu souligne l'existence d'une interaction significative de trois facteurs résultant d'un effet de synergie qui se produit entre pression-température et pression-durée du traitement dans l'eau distillée et dans le lait. A des températures supérieures à 40°C, l'augmentation de la température donne l'opportunité de diminuer le niveau de la pression et la durée du traitement pour obtenir le même niveau d'inactivation. De la même façon, pour des niveaux de pression supérieurs à 400 MPa, l'augmentation du niveau de pression permet la diminution de la température et de la durée du traitement pour fournir le même niveau d'inactivation. Néanmoins, une inactivation significative requiert des valeurs minimales de la pression et de la température et la durée du traitement a seulement un effet significatif pour des valeurs de pression et de température au-dessus de 400 MPa et 40°C respectivement.

Plusieurs auteurs ont montré qu'une réduction considérable et reproductible (plus de 5log) de spores par un traitement sous pression d'environ 600 MPa est seulement possible à des températures entre 75 et 80°C (Cléry-Barraud et al. 2004; Margosch et al. 2004; Gao et al. 2006). Par exemple, les paramètres du procédé optimal pour une réduction de 6log de *G. stearothermophilus* qui ont été calculées en employant la MSR correspondent à 625 MPa, 86°C et 14 min (Gao et al. 2006). Moerman et ses collaborateurs (2001) ont démontré qu'une réduction de 5 à 6log des spores de *G. stearothermophilis* a été obtenue après un traitement sous pression à 400 MPa/80°C pendant 60 min. Selon Gao et ses collaborateurs (2006), une réduction de 6log des spores de *B. subtilis* dans le lait a été obtenue après un traitement à 576 MPa, 87°C pendant 13 min. La présente étude montre que, pour les spores de *B. sporothermodurans* LTIS27, une inactivation de 5log peut être obtenue dans les conditions du traitement de 477MPa/48°C pendant 26 min dans l'eau distillée et de 495MPa/49°C pendant 30 min dans le lait.

Les spores de *B. sporothermodurans* sont connues pour être très résistantes à la chaleur avec des valeurs de D_{140} allant de 3,4 à 7,9 s. En fait, ces spores sont encore plus résistantes à la chaleur que celles de *G. stearothermophilus* (D_{140} de 0,9 s) (Huemer et al. 1998). En utilisant les données obtenues par Moerman et ses collaborateurs (2001), nous avons comparé l'inactivation des spores de *G. stearothermophilus* dans la viande avec celles de *B. sporothermodurans* dans le lait. Nous avons remarqué que les spores de *G. stearothermophilus* sont plus résistantes que celles de *B. sporothermodurans*. Par exemple, après un même traitement sous pression (400 MPa, 50°C pendant 30 min), 1,52 et 3,68log de réduction du nombre initial des spores ont été obtenus par le modèle développé par Moerman et ses collaborateurs (2001) sur l'inactivation de *G. stearothermophilus* et celui de la présente étude sur *B. sporothermodurans* LTIS27 respectivement. Ainsi, cela pourrait signifier que la résistance thermique des spores de *B. sporothermodurans* n'a aucun rapport avec sa résistance à la pression. Dans la littérature, deux opinions coexistent sur la relation entre la résistance de spores à la pression avec celle à la chaleur. Rocken et Spicher (1993) ont démontré que la plus grande résistance à la pression a été observée chez les souches hautement résistantes à la chaleur de *B. subtilis* et *B. amyloliquefaciens* précédemment isolées à partir de pain. Cette constatation montre qu'il y a une corrélation entre la résistance thermique et celle à la pression. Cependant, les spores de *B. amyloliquefaciens* sont plus résistantes à la pression que celles de *G. stearothermophilus*, qui présentent une meilleure résistance à la chaleur humide (Ananta et al. 2001). Par ailleurs, Nakayama et ses collaborateurs (1996), en comparant la résistance à la pression et à la chaleur de spores de six souches de *Bacillus*, ont indiqué que, pour certaines souches, la résistance à la pression n'a pas en corrélation avec la thérmorésistance. Par conséquent, aucune condition du traitement sous pression ne pourrait être convertie en une condition de stérilisation par la chaleur. Le milieu de sporulation, le niveau de la pression, la température et l'équipement à haute pression peuvent tous avoir une forte influence sur la thermo-résistance et la résistance à la pression des spores de *Bacillus* (Nakayama et al. 1996). De toute évidence, la résistance à la pression des spores des espèces de *Bacillus* est très variable.

Margosch et ses collaborateurs (2004), en étudiant les niveaux de résistance, des 14 isolats alimentaires et 5 souches de laboratoire de différentes espèces de *Bacillus*, à la pression combinée avec la température, ont trouvé une grande variabilité dans la résistance de spores à la pression. La réduction du nombre initial de spores, par un traitement sous pression à 800 MPa et 70°C pendant 4 min, a varié de 6log pour *B. subtilis* et *B. licheniformis* à aucune réduction pour *B. amyloliquefaciens*. Pour les cellules végétatives, la sensibilité à la pression est différente d'une espèce microbienne à une autre et même entre les souches de la même espèce (Patterson et al. 1996), cela peut être aussi valable pour les spores bactériennes. Par ailleurs, l'inactivation des spores provoquée par la pression dépend d'une série de facteurs liés au microorganisme lui-même, aux conditions du traitement (niveaux de pression, la durée du traitement et la température) et au milieu dans lequel les microorganismes sont suspendus. Récemment, Minh et ses collaborateurs (2011) ont également montré que les conditions de sporulation peuvent affecter la résistance de spores à la pression. Une telle variabilité rend la modélisation d'inactivation des spores par la pression un défi très difficile.

4. Inactivation des spores de *B. sporothermodurans* par la pression et la nisine

Dans la première partie de ce chapitre, nous avons réussi à optimiser l'inactivation des spores dans le lait et dans l'eau distillée par la pression hydrostatique et la température modérée. Nous avons remarqué qu'une réduction de 5log du nombre initial des spores est obtenue après un temps du traitement relativement long pour une application technologique industrielle (30 min dans le lait et 26 min dans l'eau distillée). Afin de réduire le temps du traitement, dans cette partie de recherche, nous avons étudié l'inactivation des spores en combinant la pression, à une durée de 5 min (cette durée correspond au temps minimum pour obtenir les effets sur la flore microbienne), avec la température et la nisine en recourant à un plan d'expérience.

4. 1. Effet de la nisine sur les spores

Afin d'avoir une idée sur le mode d'action de la nisine sur les spores de *B. sporothermodurans*, nous avons testé l'effet des différentes concentrations de cet antimicrobien sur l'inactivation des spores de la souche LTIS27. La figure 28 montre que l'inactivation des spores dépend de la concentration de la nisine. Elle augmente de 0,4log en présence de 50UI/ml de la nisine à 4log en présence de 5×10^3 UI/ml. Ces résultats révèlent que la nisine, à forte concentration, a un effet sporicide sur les spores de *B. sporothermodurans* LTIS27. Cet effet n'était pas observé chez d'autres espèces de *Bacillus* et *Clostridium*. Par exemple, Mansour et ses collaborateurs (1998) ont rapporté que la nisine (40UI/ml) n'avait pas un effet sporicide sur les spores de *B. licheniformis*. Mazzotta et ses collaborateurs (1997) ont démontré que les spores de *C. botulium* 56A sont résistantes à la nisine à une concentration 10^4 UI/ml et l'effet sporicide de cet antimicrobien a été observé par De Vuyst et Vandamme (1994) seulement pour les spores de *C. sporogenes* PA3679 précédemment endommagées par un traitement thermique (3 min à 121°C).

Comme la nisine est capable de réduire le nombre initial de spores de *B. sporothermodurans* LTIS27 jusqu'à 4log, nous pouvons émettre l'hypothèse que ces spores sont particulièrement sensibles à la nisine.

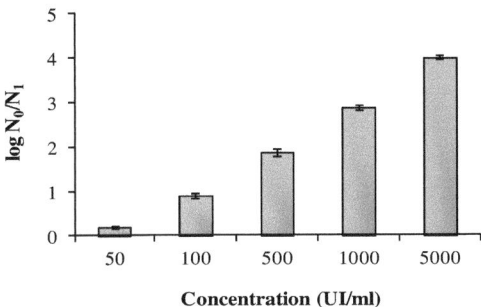

Figure 28 : Effet des différentes concentrations de la nisine sur l'inactivation des spores de *B. sporothermodurans* LTIS27 (5×10^7 spores/ml).

4. 2. Effet de la nisine et de la température sur l'inactivation des spores par la pression

4. 2. 1. Modèle de réponse prédictive et sa validation

Les effets individuels et combinés de la température et de la nisine sur l'inactivation des spores de *B. sporothermodurans* LTIS27 par la pression hydrostatique ont été étudiés. La réponse ($Y = \log N_0/N_1$) est représentée par l'équation polynomiale du second degré suivante, contenant 10 coefficients estimés, où x_1 est la pression, x_2 est la température et x_3 est la concentration de la nisine.

Eq (5): $Y = 9{,}091 - 0{,}031 x_1 - 0{,}124 x_2 - 0{,}023 x_3 + 0{,}00003 x_1^2 + 0{,}0002 x_1 x_2 + 0{,}00002 x_1 x_3 + 0{,}0015 x_2^2 + 0{,}00002 x_2 x_3 + 0{,}00009 x_3^2$

L'ANOVA du modèle quadratique est réalisée avec statgraphics. La valeur R^2 est 0,9792 indiquant qu'il y a un degré élevé de corrélation entre les valeurs observées et celles prédites. La signification statistique de chaque coefficient est déterminée à l'aide de la valeur de probabilité (p). Les coefficients linéaires (x_1, x_2 et x_3), les coefficients quadratiques (x_1^2, x_2^2 et x_3^2) et les deux coefficients d'interaction ($x_1 x_2$ et $x_1 x_2$) sont significatifs avec des faibles valeurs de probabilité ($p < 0{,}05$). Seul le coefficient d'interaction ($x_2 x_3$) n'est pas significatif ($p > 0{,}05$).

La qualification de l'équation polynômiale (Eq 5) a été validée par dix expériences de vérification menées sous différentes combinaisons des paramètres du processus (la pression, la température et la nisine). Le coefficient de corrélation ($R^2 = 0{,}99$) et le niveau statistique significatif de $p < 0{,}0001$ prouvent que les valeurs expérimentales sont jugées de manière significative en accord avec celles prédites (Figure 29). Par conséquent, le modèle est fourni en tant qu'une méthode assez fiable pour prédire l'inactivation des spores de *B. sporothermodurans* LTIS27 par la pression en combinaison avec la température et la nisine.

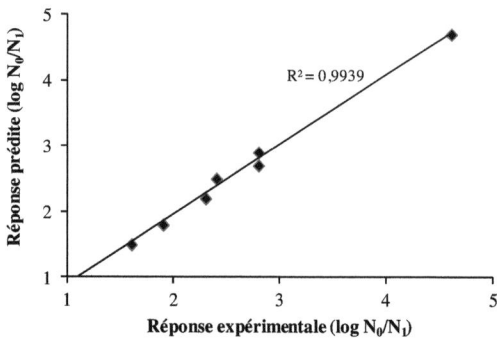

Figure 29 : Comparaison des valeurs prédites et expérimentales de dix expériences de validation du modèle de l'inactivation des spores de *B. sporothermodurans* par la pression combinée avec la température et la nisine.

4. 2. 2. Détermination des conditions optimales d'inactivation des spores

Une réduction de 5log du nombre initial de spores de *B. sporothermodurans* LTIS27 a été utilisée comme un niveau cible de l'inactivation par la pression combinée avec la chaleur modérée et la nisine. Les graphiques de surfaces de réponses et leurs courbes d'isoréponses qui sont obtenus en résolvant l'équation de régression (équation (2)) sont donnés par la figure 30. Ces représentations graphiques permettent de visualiser la relation entre la réponse et les niveaux d'expérimentation de chaque variable. Dans chaque figure, un facteur est maintenu constant à sa valeur optimale définie par le logiciel utilisé.

La figure 30a résume l'effet de la pression et de la température en gardant la concentration de la nisine à sa valeur optimale (121 UI/ml) sur l'inactivation des spores de *B. sporothermodurans*. Nous pouvons remarquer que la réduction des spores augmente avec les niveaux croissants de pression et de température, atteignant une réduction de 5log à des pressions entre 460 et 500MPa et à des températures entre 48 et 55°C.

L'interaction de la pression et de la nisine, à une température constante (53°C), est illustrée sur la figure 30b. Dans la gamme de pression allant de 440 à 500 MPa et de concentrations de la nisine de 90 à 150 UI / ml, une réduction de 5log du nombre initial des spores de *B. sporothermodurans* est observée.

La réduction des spores en fonction de la température et les concentrations de la nisine à une pression fixe de 472 MPa est présentée sur la figure 30c. Dans la gamme de température allant de 48 à 55°C et des concentrations de la nisine à partir de 110 à 150 UI/ml, la réduction des spores de *B. sporothermodurans* correspond à 5log.

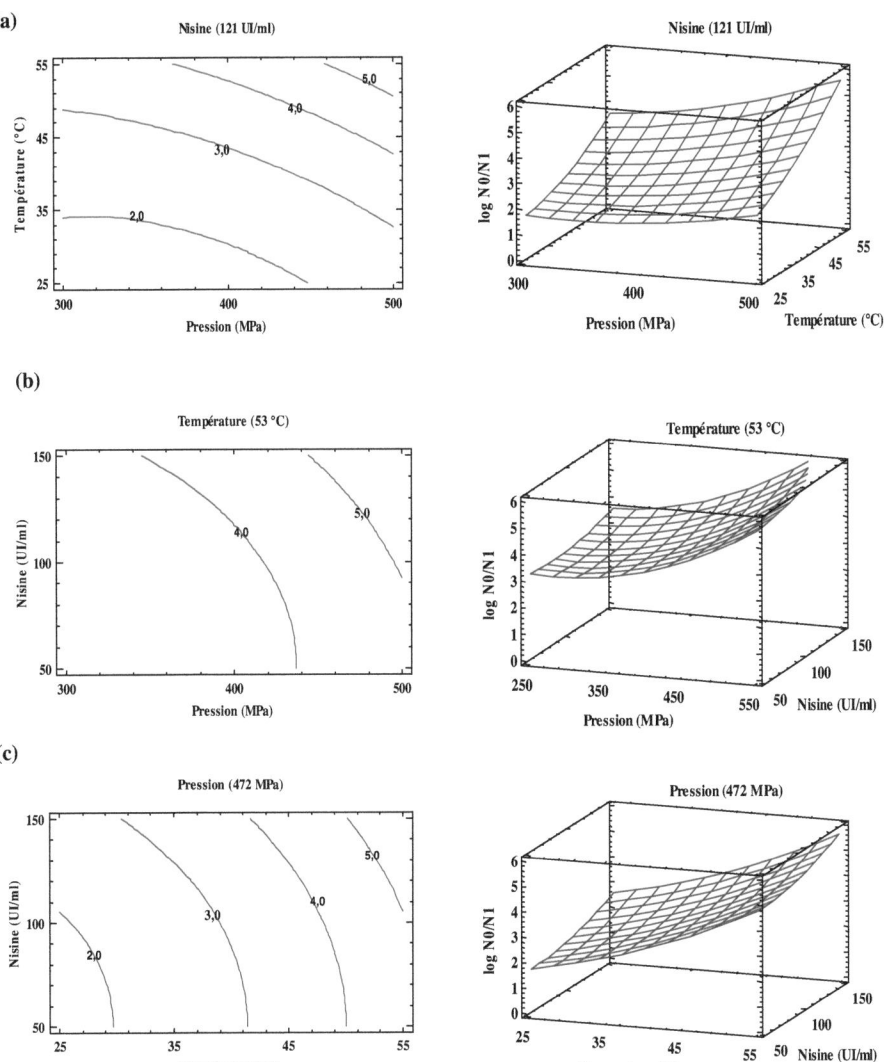

Figure 30 : Courbes d'isoréponses et graphiques de surfaces de réponses montrant l'effet de la pression et de la température (a), de la pression et de concentration de la nisine (b) et de la température et de concentration de la nisine (c) sur l'inactivation des spores de *B. sporothermodurans* LTIS27. Les données sur les courbes d'isoréponses sont les réductions décimales du nombre initial des spores (log N_0/N).

A partir de l'analyse des courbes d'isoréponses obtenues, nous pouvons constater que le taux de réduction du nombre initial des spores de *B. sporothermodurans* augmente avec l'augmentation du niveau de trois facteurs (pression, température et nisine). Comme il est déjà observé avec l'interaction du modèle, un effet synergique significatif est observé entre la pression et la température et entre la pression et la nisine. En fait, une réduction de 5log du nombre initial de spores de *B. sporothermodurans* LTIS27 est obtenue après un traitement à 472 MPa / 53°C pendant 5 min en présence de 121 UI/ml de la nisine.

En présence de la nisine (100 UI/ml), l'inactivation de spores de *B. sporothermodurans* n'a pas dépassé 0,9log. Un traitement sous pression à 600 MPa/20 °C pendant 5 min n'a aucun effet sur les spores de *B. sporothermodurans*. En plus, ces spores sont très résistantes à la chaleur (Klijn et *al.* 1997). Cependant, un effet synergique a été trouvé lorsque nous combinons ces trois traitements. Ceci peut être expliqué par le fait que les propriétés antimicrobiennes de la nisine ont été amplifiées par la pression et la température modérée. En effet, Sobrino-Lopez et Martin-Belloso (2008) ont rapporté que la combinaison de la nisine avec les traitements thermique et non thermique peut agir en synergie pour réduire la population des différents microorganismes, y compris les spores bactériennes. D'une part, le traitement sous pression déstabilise la structure des membranes et rend les cellules plus sensibles à l'action de l'antimicrobien (Kalchayanand et *al.* 1994; Masschalck et *al.* 2001; Ray, 2001). D'autre part, le traitement avec les agents antimicrobiens de la paroi cellulaire affaiblit la sensibilité des bactéries résistantes à la pression (Earnshaw et *al.* 1995). Lopez-Pedemonte et ses collaborateurs (2003) ont montré que le traitement sous pression peut également améliorer l'efficacité de la nisine dans l'inactivation de certaines spores en augmentant la perméabilité de leurs membranes. Black et ses collaborateurs (2008) lors de l'utilisation de microscopie électronique à balayage pour suivre les dégâts de la pression hydrostatique sur les spores, ont démontré que les spores non traitées ont une morphologie typique. Les spores traitées à la pression (500 MPa/5 min) n'affichaient pas beaucoup de dommages dans leurs structures extérieures, mais celles qui sont traitées à 500 MPa pendant 5 min deux fois en présence de la nisine (500 UI/ml) ont montré des dégâts graves ; la membrane extérieure devient transparente.

L'effet de la nisine sur l'inactivation des spores de *B. sporothermodurans* LTIS27 par la pression augmente avec l'augmentation du niveau de la température. Ce résultat est en accord avec celui de Stewart et ses collaborateurs (2000) qui ont travaillé sur les spores de *B. subtilis* et *Clostridium*. Ils ont montré que l'inactivation des spores par la combinaison de la pression (404MPa pendant 15 min) avec la nisine (10UI/ml) a été améliorée par l'augmentation de la température de 25°C à 45°C et à 70°C.

Des études précédentes ont montré que l'efficacité de la pression hydrostatique dans l'inactivation des bactéries pathogènes et des spores (une réduction de 5log) dépend de la température du traitement et de la présence des agents antimicrobiens comme la nisine (Steward et *al*. 2000; Opstal et *al*. 2004 ; Gao et *al*. 2011). Par exemple, Black et ses collaborateurs (2008) ont démontré qu'une réduction de 5 à 6log des spores de *B. subtilis* a été obtenue après traitement sous pression à 500 MPa/40°C pendant 5 min en présence de la nisine (500 UI/ml). Selon Stewart et ses collaborateurs (2000), une réduction de 5log des spores de *B. subtilis* a été obtenue après un traitement sous pression à 404MPa et 45°C pendant 30 min à pH 5 en présence de 0,6 UI/ml de la nisine. Au moins une réduction de 6log du nombre de spores de *B. coagulans* est généralement atteinte après un traitement sous pression de 400 MPa à pH 4 à 70°C pendant 30 min en présence de la nisine 0,8 UI/ml (Roberts and Hoover, 1996). Une réduction de 6log de spores de *B. coagulans* AS 1.2009 est obtenue après un traitement sous pression de 550 MPa à 41°C pendant 12,2 min en présence de la nisine (120 UI / ml) (Gao and Ju, 2011). La présente étude montre que, pour les spores de *B. sporothermodurans* LTIS27, une réduction de 5log du leur nombre initial peut être obtenue après un traitement sous pression de courte durée (5 min) à 472 MPa/53°C en présence de 121 UI/ml de nisine.

De toute évidence, nous pouvons conclure que les données sur l'effet combiné de la pression avec la nisine sur les spores des différentes espèces de *Bacillus* sont diverses. L'inactivation des spores par la pression dépend de l'espèce, des conditions du traitement (des niveaux de la pression, de la durée du traitement et de la température), des paramètres physico-chimiques de l'environnement (pH du milieu de suspension) et de la présence ou l'absence d'agents antimicrobiens. Masschalck et ses collaborateurs (2001) ont rapporté que la sensibilisation des bactéries par haute pression en présence des agents antimicrobiens varie même entre les souches de la même espèce. Black et ses collaborateurs (2008) ont montré une variation significative dans les niveaux d'inactivation des spores entre les espèces. L'inactivation des spores de quatre souches de *B. cereus* dans le lait écrémé par un traitement sous pression (500 MPa pendant 5 min) en présence de la nisine (500 UI/ml) s'est avérée moins importante que celle de *B. subtilis*.

Conclusion

La méthodologie des surfaces de réponses impliquant la conception expérimentale et l'analyse des équations de régression ont été utilisées pour révéler l'influence, d'une part de la durée du traitement et de la température et d'autre part de la température et de la nisine sur l'inactivation des spores de *B. sporothermodurans* LTIS27 par la pression hydrostatique dans l'eau distillée et dans le lait écrémé. Nos résultats suggèrent que l'association des différents traitements thermique et non thermique est très efficace dans l'inactivation de spores très thermo-résistantes de *B. sporothermodurans*. Contrairement à la germination, l'inactivation des spores était plus importante dans l'eau distillée que dans le lait. Une réduction de 5log du nombre initial des spores de *B. sporothermodurans* LTIS27 a été obtenue dans les conditions de 477 MPa à 48°C pendant 26 min dans l'eau distillée ou de 495 MPa à 49°C pendant 30 min dans le lait ou de 472 MPa à 53°C pendant 5 min en présence de la nisine (121 UI/ml).

Ces résultats montrent le potentiel d'utilisation de la pression hydrostatique en combinaison avec la température modérée ou avec la nisine pour inactiver les spores très thermo-résistantes de *B. sporothermodurans* dans le lait. Il est particulièrement intéressant parce que la contamination initiale (N_0) de spores de *B. sporothermodurans* dans le lait cru est généralement inférieure à 10^5 UFC/ml.

Conclusion générale

Cette étude est la première en Tunisie qui s'est intéressée à l'étude de la germination et de l'inactivation, par des méthodes non thermiques, de spores de *B. sporothermodurans*. A travers cette étude nous apportons des connaissances originales sur le comportement spécifique de ces spores en comparaison à celles d'autres espèces de *Bacillus*.

La prémiere partie a été consacrée à l'étude de la germination des spores de *B. sporothermodurans*. En étudiant l'effet de différents éléments nutritifs et de certains cations sur la germination des spores, nous avons pu réussir à mettre aux points un nouveau milieu de culture spécifique à la germination de ces bactéries. En effet, une germination optimale (100%) provoquée par les éléments nutritifs a été obtenue après incubation des spores, pendant 60 min à 35°C, en présence du 9 mM de D-glucose et 60 mM de L-alanine. Nous avons remarqué aussi que le D-glucose, le L-alanine et l'inosine sont les germinants spécifiques des spores de *B. sporothermodurans*. Par ailleurs, l'inosine et le L-alanine peuvent être utilisés en tant que co-germinant à faible concentration (1 mM) avec certains autres acides aminés (L-histidine, L-tryptophane, L-tyrosine avec le L-alanine ; L-cystéine, L-histidine, L-tyrosine, L-tryptophane, L-serine avec l'inosine). En plus, les différents sels testés (NaCl, $MgCl_2$, $CaCl_2$ et KCl) ont un pouvoir germinatif sur les spores. Cependant, une diminution du taux de germination, une fois les cations combinés avec l'un des germinants suivants, L-alanine, d'inosine ou D-glucose, a été enregistrée.

Afin de sélectionner les facteurs physiques les plus influents sur le processus de germination des spores de *B. sporothermodurans*, nous avons étudié à la fois l'influence de différentes intensités de pression, l'effet de la température, de la durée du traitement, du temps et de la température d'incubation après traitement sous pression. Les résultats obtenus ont mis en évidence que la germination des spores de *B. sporothermodurans* est induite à des niveaux de pressions modérés entre 100 et 200 MPa. Les facteurs qui agissent sur la germination sont l'intensité de la pression, la durée du traitement et le temps d'incubation après le traitement. D'autre part, le taux de germination des spores, dans l'eau distillée et dans le lait, a été optimisé moyennant un plan d'expérience composite centré à trois facteurs. Nous avons noté une cinétique rapide avec un taux de germination supérieur dans le lait comparé à l'eau distillée. Ceci peut être probablement expliqué par la présence dans le lait de germinants spécifiques des spores de *B. sporothermodurans*. Toutefois, une germination optimale a été obtenue après un traitement de 163 MPa pendant 25 min à 20°C et après une incubation post-pressurisation de 90 min dans l'eau distillée et après un traitement de 147 MPa pendant 20 min à 20°C et après une incubation post-pressurisation de 55 min dans le lait.

L'espèce de *B. sporothermodurans* est connue par la thermo-résistance de ses spores. La charge maximale de cette bactérie dans le lait est de 10^5 UFC/ml obtenue après 5 jours de stockage à 30°C. Ainsi, une réduction de 5log du nombre initial de spores de *B. sporothermodurans* a été utilisée comme un niveau cible de l'inactivation par la pression seule ou en combinaison avec certains facteurs. Afin d'avoir une idée sur l'effet de la HP sur l'inactivation des spores de *B. sporothermodurans*, nous avons testé d'abord une gamme de pression allant de 50 à 600 MPa à 20°C pendant 5 min. Pour la plupart des conditions testées, l'inactivation des spores de *B. sporothermodurans* n'était pas significative. L'effet de la température (de 20 à 50°C) sur l'inactivation des spores de *B. sporothermodurans* LTIS27 par la pression (600 MPa pendant 5 min) a été aussi étudié. En effet, à des températures supérieures à 20°C, l'inactivation des spores devient significative. Lorsque les spores sont soumises sous pression (600 MPa pendant 5 min) à une température allant de 40 à 50°C, l'inactivation se situait entre 2,7 et 3,1log. Ceci montre que l'inactivation des spores dépend de l'intensité de la pression et de la température. Ensuite, l'effet combiné de la pression, de la température et de la durée du traitement sur l'inactivation de spores de *B. sporothermodurans* dans deux matrices alimentaires différentes (l'eau distillée et le lait) a été exploré en utilisant la méthodologie des surfaces de réponses. Contrairement à la germination, l'inactivation des spores était plus importante dans l'eau distillée que dans le lait. Une inactivation de 5log a été obtenue après un traitement de 477 MPa pendant 26 min à 48°C dans l'eau distillée et après un traitement de 495 MPa pendant 30 min à 49°C dans le lait. En effet, dans le lait, les spores de *B. sporothermodurans* sont probablement mieux protégées contre l'inactivation par haute pression.

Bien que nous ayons réussi à trouver les conditions optimales de l'inactivation des spores, dans le lait et dans l'eau distillée, par la pression hydrostatique et la température, nous avons remarqué qu'une réduction de 5log du nombre initial des spores est obtenue après un temps du traitement relativement long pour une application technologique industrielle (30 min dans le lait et 26 min dans l'eau distillée). Afin de réduire ce temps du traitement, nous avons essayé d'étudier l'inactivation des spores en combinant la pression avec la température et la nisine selon une approche de plan d'expérience. Ainsi, une inactivation optimale (5log) a été obtenue après un traitement de 472 MPa pendant 5 min à 53°C en présence de 121UI/ml de la nisine. Ces résultats montrent bien que l'efficacité de l'inactivation des spores par la HP est en relation étroite avec l'intensité de la pression, la durée du traitement, la température au cours du traitement, la composition du milieu et la présence des antimicrobiens dans le milieu comme la nisine.

Ces résultats nous a permis de mettre en évidence le potentiel d'utilisation des hautes pressions hydrostatiques soit dans le but de provoquer la germination de la presque totalité de spores thermorésistantes de *B. sporothermodurans* dans le lait avant un traitement thermique ultérieur, soit dans le but d'inactiver directement ces spores grâce à un traitement thermique combiné ou en présence de la nisine. Ils soulignent aussi l'efficacité d'utilisation de la méthodologie des surfaces de réponses pour optimiser la germination et l'inactivation des spores.

Les résultats obtenus au cours de ces travaux nous permettent d'ouvrir des perspectives vers l'utilisation d'autre traitement non thermique pour inactiver les spores thermorésistantes comme les champs pulsés électriques. Au cours de ce travail nous avons utilisé une seule souche de *B. sporothermodurans* dans l'étude de la germination et de l'inactivation de ses spores. Cependant, la première partie a montré une grande variabilité des souches présentes dans le lait tunisien. Il serait donc intéressant de tester plusieurs souches pour savoir si leur comportement suit la même tendance. En plus, il serait intéressant de comprendre le comportement spécifique des spores de *B. sporothermodurans* à la pression (existence d'un seul mécanisme de germination par la pression) et d'étudier l'influence d'autres facteurs comme le milieu et la température de sporulation sur la résistance des spores à la HP.

Bibliographie

- Abee, T., Krockel, L. & Hill, C. (1995). Bacteriocins: modes of action and potentials in food preservation and control of food poisoning. *International Journal of Food Microbiology, 28*, 169–185.

- Ahn, J., Balasubramaniam, V.M. & Yousef, A.E. (2007). Inactivation kinetics of selected aerobic and anaerobic bacterial spores by pressure-assisted thermal processing, *International Journal of Food Microbiology, 113*, 321–329.

- Alberto, F., Broussolle, V., Mason, D.R, Carlin, F. & Peck, M.W. (2002). Variability in spore germination response by strains of proteolytic *Clostridium botulinum* types A, B and F. *Letters in Applied Microbiology, 36*, 41–45.

- Alderton, G., Ito, K.A. & Chen, J.K. (1976). Chemical manipulation of the heat resistance of *Clostridium botulinum* spores. *Applied and Environmental Microbiology, 31*, 492–498.

- Alpas, H. & Bozoglu, F. (2000). The combined effect of high hydrostatic pressure, heat and bacteriocins on inactivation of foodborne pathogens in milk and orange juice. *World Journal of Microbiology and Biotechnology, 16*, 387–392.

- Alpas, H., Kalchayanand, N., Bozoglu, F. & Ray, B. (2000). Interactions of high hydrostatic pressure, pressurization temperature, and pH on death and injury of pressure-resistant and pressure-sensitive strains of food-borne pathogens. *International Journal of Food Microbiology, 15*, 33–42.

- Alpas, H., Kalchayanand, N., Bozoglu, F., Sikes, A., Dunne, C.P. & Ray, B. (1999). Variation in resistance to hydrostatic pressure among strains of food-borne pathogens. *Applied and Environmental Microbiology, 65*, 4248–4251.

- Ananta, E., Heinz, V., Schluter, O. & Knorr, D. (2001). Kinetic studies on high-pressure inactivation of *Bacillus stearothermophilus* spores suspended in food matrices. *Innovative Food Science and Emerging Technologies, 2*, 261–272.

- Anonyme. (1992). Directive 92/46, Council of the European Communities of 16 June. Health rules for the production and the trade of raw milk, heat treated milk, and products based on milk. *Official Journal of the European Community number L268*, 1–32.

- Ardia, A. (2004). Process considerations on the application of high pressure treatment at elevated temperature levels for food preservation. Ph.D thesis, Berlin, Berlin University of Technology, 94.

- Arquès, J.L., Rodriguezn E., Nunez, M. & Medina, M. (2008). Antimicrobial activity of nisin, reuterin, and the lactoperoxidase system on *Listeria monocytogenes* and *Staphylococcus aureus* in cuajada, a Semisolid Dairy Product Manufactured in Spain. *Journal of Dairy Science, 91*, 70–75.

- Avery, S.M., Hudson, J.A. & Phillips, D.M. (1996). Use of response surface models to predict bacterial growth from time/temperature histories. *Food Control, 7*, 121–128.

- Balny, C. & Masson, P. (1993). Effects of high pressure on proteins. *Food Reviews International, 9*, 611–628.

- Barak, I. & Wilkinson, A. J. (2005). Where asymmetry in gene expression originates. *Molecular Microbiology, 57*, 611–20.

- Barbosa-Canovas, G.V. & Rodriguez, J.J. (2002). Update on nonthermal food processing technologies: pulsed electric field, high hydrostatic pressure, irradiation and ultrasound. *Food Australia, 54*, 513–520.

- Barlass, P.J., Houston, C.W., Clements, M.O. & Moir, A. (2002). Germination of *Bacillus cereus* spores in response to L-alanine and to inosine: the roles of *gerL* and *gerQ* operons. *Microbiology, 148*, 2089–2095.

- Bauer, R. & Dicks, L.M. (2005). Mode of action of lipid II-targeting lantibiotics. *International Journal of Food Microbiology, 101*, 201–216.

- Beaman, T. & Gerhardt, P. (1986). Heat resistance of bacterial spores correlated with protoplast dehydratation, mineralisation and thermal adaptation. *Applied and Environmental Microbiology, 52*, 1242–1246.

- Behringer, R. & Kessler, H. (1992). Influence of pH value and concentration of skim milk on heat resistance of *Bacillus licheniformis* and *Bacillus stearothermophilus* spores. *Milchwissenschaft, 47*, 207–211.

- Bergere, J.L. & Cerf, O. (1992). Les bactéries sporulées, les groupes microbiens d'intérêts laitiers. Coordonnateurs : J.Hermier, J.Lenoir, F.Weber. pp 277–299.

- Beuchat, L.R., Clavero, M.R.S. & Jaquette, C.B., (1997). Effects of nisin and temperature on survival, growth and enterotoxin production characteristics of psychrotrophic *Bacillus cereus* in beef gravy. *Applied and Environmental Microbiology, 63*, 1953–1958.

- Bhothipaksa, K. &Busta, F. (1978). Osmotically induced increase in thermal resistance of heat sensitive, dipicolinic acid less spores of *Bacillus cereus* ht-8. *Applied and Environmental Microbiology, 35*, 800–808.

- Black, E.P., Huppertz, T., Fitzgerald, G.F. & Kelly, A.L. (2007). Baroprotection of vegetative bacteria by milk constituents: A study of *Listeria innocua*. *International Dairy Journal, 17*, 104–110.

- Black, E.P., Kelly, A.L. & Fitzgerald, G.F. (2005). The combined effect of high pressure and nisin on inactivation of microorganisms in milk. *Innovation Food Science and Emerging Technologies, 6*, 286–292.

- **Black, E.P., Koziol-Dube, K., Guan, D., Wei, J., Setlow, B., Cortezzo, D.E., Hoover, D.G. & Setlow, P. (2005).** Factors influencing the germination of *Bacillus subtilis* spores via the activation of nutrient receptors by high pressure. *Journal of Applied Microbiology, 71,* 5879–5887.

- **Black, E.P., Linton, M., McCall, R.D., Curran, W., Fitzgerald, G.F., Kelly, A.L. & Patterson, M.F. (2008).** The combined effects of high pressure and nisin on germination and inactivation of *Bacillus* spores in milk. *Journal of Applied Bacteriology, 105,* 78–87.

- **Black, E.P., Wei, J., Atluri, S. Cortezzo, D.E., Koziol-Dube. K., Hoover, D.G. & Setlow, P. (2007).** Analysis of factors influencing the rate of germination of spores of *Bacillus subtilis* by very high pressure. *Journal of Applied Microbiology, 102,* 65–76.

- **Boyd, R.F. & Hoerl, B.G. (1981).** Basic Medical Microbiology. 26-28, 37-48. 2ème édition. Ed.Lithlle Brownand Company.

- **Boziaris, I.S. & Adams, M.R. (1999).** Effect of chelators and nisin produced in situ on inhibition and inactivation of gram negatives. *International Journal of Food Microbiology, 53,* 105–13.

- **Breukink, E., van Heusden, H.E., Vollmerhaus, P.J., Swiezewska, E., Brunner, L., Walker, S., Heck, A.J. & de Kruijff, B. (2003).** Lipid II is an intrinsic component of the pore induced by nisin in bacterial membranes. *Journal of Biological Chemistry, 278,* 19898–19903.

- **Brotz, H. & Sahl, H. G. (2000).** New insights into the mechanism of action of lantibiotics-diverse biological effects by binding to the same molecular target. *Journal of Antimicrobioal Chemotherapy, 46,* 1–6.

- **Broussolle, V., Alberto, F., Shearman, C.A., Mason, D.R., Botella, L., Nguyen-The, C., Peck, M.W. & Carlin, F. (2002).** Molecular and physiological characterization of spore germination in *Clostridium botulinum* and *Clostridium sporogenes*. *Anaerobe, 8,* 89–100.

- **Brown, K.L. (2000).** Control of bacterial spores. *British Medical Bulletin, 56,* 158–171.

- **Buzrul, S. & Alpas, H. (2004).** Modeling the synergistic effect of high pressure and heat on the inactivation kinetics of *Listeria innocua*: A preliminary study. *FEMS Microbiology Letters, 238,* 29–36.

- **Buzrul, S. Alpas, H. & Bozoglu, F. (2005).** Use of Weibull frequency distribution model to describe the inactivation of *Alicyclobacillus acidoterrestris* by high pressure at different temperatures. *Food Research International, 38,* 151–157.

- **Buzrul, S., Öztürk, P., Alpas, H. & Akcelik, M. (2007).** Thermal and chemical inactivation of lactococcal bacteriophages. *LWT – Food Science and Technology, 40,* 1671–1677.

- Cabrera-Martinez, R.M., Tovar-Rojo, F., Vepachedu, V.R. & Setlow, P. (2003). Effects of over expression of nutrient receptors on germination of spores of *Bacillus subtilis*. *Journal of Bacteriology, 185*, 2457–2464.

- Cameron, M.S., Leonard, S.J. & Barrett, E.L. (1980). Effect of moderately acidic pH on heat resistance of *Clostridium sporogenes* spores in phosphate buffer and in buffered peapuree. *Applied and Environmental Microbiology, 39*, 943–949.

- Cavaille, D., Combes, D. & Zwick, A. (1996). Effect of high pressure and additives on the dynamics of water: Raman spectroscopy study. *Journal of Raman Spectroscopy, 27*, 853–857.

- Cerf, O., Dousset, X. & Brossard, J. (1988). Pasteurisation et stérilisation thermique. In Bourgeois, C. M., J. F. Mexle et J .Zucca. *Microbiologie alimentaire* .vol 1. pp 312–331. Ed Tec et Doc Lavoisier. Paris.

- Cheftel J.C. (1995). Review: high pressure, microbial inactivation and food preservation. *Food Science and Technology International, 1*, 75–90.

- Cheftel, J.C. (1991). Application des hautes pressions en technologie alimentaire. *Industries Alimentaires et Agro-Alimentaire.* 141–153.

- Chen, D., Huang, S.S. & Li, Y.Q. (2006). Real-time detection of kinetic germination and heterogeneity of single *Bacillus* spores by laser tweezers Raman spectroscopy. *Analytical Chemistry, 78*, 6936–41.

- Chen, H. & Hoover, D.G. (2003). Pressure inactivation kinetics of *Yersinia enterocolitica* ATCC 35669. *International Journal of Food Microbiology, 87*, 161–171.

- Ciarciaglini, G., Hill, P.J, Davies, K., McClure, P.J., Kilsby, D., Brown, M.H. & Coote, P.J. (2000). Germination induced bioluminescence, a route to determine the inhibitory effect of a combination preservation treatment on bacterial spores. *Applied and Environmental Microbiology, 66*, 3735–3742.

- Clements, M.O. & Moir, A. (1998). Role of the *gerI* operon of *Bacillus cereus* 569 in the response of spores to germinants. *Journal of Bacteriology, 180*, 6729–6735.

- Cléry-Barraud, C., Gaubert, A., Masson, P. & Vidal, D. (2004). Combined Effects of High Hydrostatic Pressure and Temperature for Inactivation of *Bacillus anthracis* Spores. *Applied and Environmental Microbiology, 70*, 635–637.

- Clouston, J.G. & Wills, P.A. (1969). Initiation of germination and inactivation of *Bacillus pumilus* spores by hydrostatic pressure. *Journal of Bacteriology, 97*, 684–690.

- Condon, S., Palop, A., Raso, J. & Sala, F. (1996). Influence of incubation temperature after heat treatment upon the estimated heat resistance values of spores of *Bacillus subtilis*. *Letters in Applied Microbiology, 22*, 149–152.

- **Cortezzo, D. E., Koziol-Dube, K., Setlow, B. & Setlow, P. (2004).** Treatment with oxidizing agents damages the inner membrane of spores of *Bacillus subtilis* and sensitizes spores to subsequent stress. *Journal of Applied Microbiology, 97,* 838–852.

- **Cosentino, S., Mulargia, A.F., Pisano, B., Tuveri, P. & Palmas, F. (1997).** Incidence and biochemical characteristics of *Bacillus* flora in Sardinian dairy products. *International Journal of Food Microbiology, 38,* 235–238.

- **Cowan, A.E., Koppel, D.E., Setlow, B. & Setlow, P. (2003).** A soluble protein is immobile in dormant spores of *Bacillus subtilis* but is mobile in germinated spores: implications for spore dormancy. *Proceedings of National Academy Sciences of United States of America, 100,* 4209–4214.

- **Cruz, J. & Montville, T.J. (2008).** Influence of nisin on the resistance of *Bacillus anthracis* Sterne spores to heat and hydrostatic pressure. *Journal of Food Protection, 71,* 196–199.

- **De Pieri, L.A. & Ludlow, I.K. (1992).** Relation between *Bacillus spaericus* spore heat resistance and sporulation temperature. *Letters in Applied Microbiology, 14,* 121–124.

- **De Silva, S., Petterson, B., De Muro, M.A. & Priest, F.G. (1998).** A DNA probe for the detection and identification of *Bacillus sporothermodurans* using the 16S-23S rDNA spacer region and phylogenetic analysis of some field isolates of *Bacillus* which form highly heat resistant spores. *Systematic and Applied Microbiology, 21,* 398–407.

- **Deegan, L.H., Cotter, P.D., Hill, C. & Ross, P. (2006).** Bacteriocins: biological tools for bio-preservation and shelf-life extension. *International Dairy Journal, 16,* 1058–1071.

- **Delves-Broughton, J. (2005).** Nisin as a Food Preservative. *Food Australia, 57,* 525–529.

- **Delves-Broughton, J., Blackburn, P., Evans, R.J. & Hugenholtz, J. (1996).** Applications of the bacteriocin, nisin. *Antonie van Leeuwenhoek, 69,* 193–202.

- **Dermarquilly, C. (1998).** Ensilage et contamination du lait par les spores butyriques. *INRA Production Animale, 11,* 359–364.

- **Diels, A. M. J., Taeye, J. D. & Michiels, C. W. (2005).** Sensitisation of *Escherichia coli* to antibacterial peptides and enzymes by high-pressure homogenisation. *International Journal of Food Microbiology, 105,* 165–175.

- **Earnshaw, R.G., Appleyard, J. & Hurst, R.M. (1995).** Understanding physical inactivation processes: combined preservation opportunities using heat, ultrasound and pressure. *International Journal of Food Microbiology, 28,* 197–219.

- **Eichenberger, P. (2007).** Genomics and cellular biology of endospore formation. In *Bacillus, cellular and molecular biology,* pp. 375-409. Edited by P. Graumann. Norfolk, U.K: Caister Academic Press.

- **Eichenberger, P., M. Fujita, S. T. Jensen, E. M. Conlon, D. Z. Rudner, S. T. Wang, C. Ferguson, K. Haga, T. Sato, J.S. Liu. & R. Losick.** (2004). The program of gene transcription for a single differentiating cell type during sporulation in *Bacillus subtilis*. *PLoS Biol 2*, e328.

- **Errington, J.** (2003). Regulation of endospore formation in *Bacillus subtilis*. *Nature Reviews Microbiology, 1*, 117–26.

- **Faille, C., Lequette, Y., Ronse, A., Slomianny, C., Garénaux, E. & Guerardel, Y.** (2010). Morphology and physico-chemical properties of *Bacillus* spores surrounded or not with an exosporium: Consequences on their ability to adhere to stainless steel. *International Journal of Food Microbiology, 143*, 125–135.

- **Fernandez, P., Ocio, M., Sanchez, T. & Martinez, A. (1994).** Thermal resistance of *Bacillus stearothermophilus* spores heated in acidized mushroom extract. *Journal of Food Protection, 57*, 37–41.

- **Foerster, H.F. & Foster, J.W. (1966).** Response of *Bacillus* spores to combinations of germinative compounds. *Journal of Bacteriology, 91*, 1168–1177.

- **Food & Drug Administration. (1998).** Nisin preparation: affirmation of GRAS status as a direct human food ingredient. *Federation Register, 53*, 11247–11251.

- **Gao, Y. & Jiang, H. (2005).** Optimization of process conditions to inactivate *Bacillus subtilis* spores by high hydrostatic pressure and mild heat using response surface methodology. *Biochemical Engineering Journal, 24*, 43–48.

- **Gao, Y., Ju, X. & Jiang, H. (2006).** Analysis of reduction of *Geobacillus stearothermophilus* spores treated with high hydrostatic pressure and mild heat in milk buffer. *Journal of Biotechnology, 125*, 351–360.

- **Gao, Y., Qiu, w., Wu, D. & Fu, Q. (2011).** Assessment of *Clostridium perfringens* Spore Response to High Hydrostatic Pressure and Heat with Nisin. *Applied Biochemistry and Biotechnology, 164*, 1083–1095.

- **Gao, Y.L. & Ju, X.R. (2011).** Inactivation of *Bacillus coagulans* spores subjected to combinations of high-pressure processing and nisin. *American Society of Agricultural* and *Biological Engineers, 54*, 385–392.

- **Genest, P.C., Setlow, B., Melly, E. & Setlow, P. (2002).** Killing of spores of *Bacillus subtilis* by peroxynitrite appears to be caused by membrane damage. *Microbiology, 148*, 307–314.

- **Gonzalez, I., Lopez, M., Mazas, M., Gonzales, J. & Bernardo, A. (1995).** The effect of recovery conditions on the apparent heat resistance of *Bacillus cereus* spores. *Journal of Applied Bacteriology, 78*, 548–554.

- **Gould, G. W.** (1969). Germination. p. 397–444. *In* G.W. Gould and A. Hurst (eds), The bacterial spore. Academic Press, New York.

- **Gould, G. W. & Dring, G. J. (1972).** Biochemical mechanisms of spore germination. In Spores V, pp. 401–408. Edited by H. O. Halvorson, R. Hanson and L. L. Campbell. Washington, DC: American Society Microbiology.

- **Gould, G.W. (2006).** History of science – spores. *Journal of Applied Microbiology, 101,* 507–513.

- **Gould, G.W. & Sale, A.J.H. (1970).** Initiation of germination of bacterial spores by hydrostatic pressure. *Journal of General Microbiology, 60,* 335–346.

- **Grecz, N., Tang, T. & Rajan, K. (1972).** Relation of metal chelate stability to heat resistance of bacterial spores. In: Halvorson, Hanson, Campbell (Eds.), Spores. Vol. 5. American Society for Microbiology, Washington, pp. 53–60.

- **Guillaume-Gentil, O., Scheldeman, P., Marugg, J., Herman, L., Joosten, H. & Heyndrickx, M. (2002).** Genetic heterogeneity in *Bacillus sporothermodurans* as demonstrated by ribotyping and repetitive extragenic palindromic PCR fingerprinting. *Applied and Environmental Microbiology, 68,* 4216–4224.

- **Guiraud, J.P. (1998).** Microbiologie alimentaire. Techniques d'études et identification microbiologiques, biochimiques, physiologiques et immunologiques. Dunod, Paris.

- **Guiraud, J.P (2003).** Microbiologie alimentaire. Edition Dunod, Paris, 651 pages.

- **Gut, I.M., Prouty, A.M., Ballard, J.D., van der Donk, W.A. & Blanke, S.R. (2008).** Inhibition of *Bacillus anthracis* Spore Outgrowth by Nisin. Antimicrob. *Agents Chemother, 52,* 4281-4288.

- **Hammer, P., Herman, L., Heyndricks, M., Heumer, I.A., De Jong, P., Kiesner, C., Klijn, N., Langeveld, L.P.M. De Jong, P. & Kiesner, C. (2000a).** *Bacillus sporothermodurans*-a *Bacillus* forming highly heat-resistant spores. *Bulletin of the International Dairy Federation, 357,* 3–27.

- **Hammer, P., Lembke, F., Suhren, G. & Heeschen, W. (2000b).** Characterisation of heat resistant mesophilic *Bacillus* species affecting the quality of UHT-milk. *Bulletin of the International Dairy Federation, 357,* 9–16.

- **Hammer, P., Lembke, F., Suhren, G. & Heeschen, W. (1995).** Characterization of a heat resistant mesophic *Bacillus* species affecting quality of UHT-milk - a preliminary report. *Kiel Milchwirtsch Forschungsber, 47,* 303–311.

- **Hashimoto, T., Frieben, W.R. & Conti, S.F. (1969).** Germination of single bacterial spores. *Journal of Bacteriology, 98,* 1011–1020.

- **Hasper, H.E., Kramer, N.E., Smith, J.L., Hillman, J.D., Zachariah, C., Kuipers, O.P., de Kruijff, B. & Breukink, E. (2006).** An alternative bactericidal mechanism of action for lantibiotic peptides that target lipid II. *Science, 313,* 1636–1637.

- Hauben, K.J.A., Wuytack, E. Y., Soontjens, C.C.F. & Michiels, C.W. (1996). High-Pressure Transient Sensitization of *Escherichia coli* to Lysozyme and Nisin by Disruption of Outer-Membrane Permeability. *Journal of Food Protection, 59*, 350–355.

- Hayakawa, K., Kanno, T., Tomito, M. & Fujio, Y. (1994). Application of high pressure for spore inactivation and protein denaturation. *Journal of Food Science, 59*, 159–163.

- Hayashi, R. (1991). High pressure in food processing and preservation: principle, application and development. *High Pressure Research, 7*, 15–21.

- Henriques, A. O. & Moran, J. C. P. (2007). Structure, assembly, and function of the spore surface layers. *Annual Review of Microbiology, 61*, 555–588.

- Herman, L, Heyndrickx, M. & Waes, G. (1998). Typing of *Bacillus sporothermodurans* and other species isolated from milk by repetitive element sequence based PCR. *Letters in Applied Microbiology, 26*, 183–188.

- Herman, L., Heyndrickx, M., Vaerewijck, M. & Klijn, N. (2000). *Bacillus sporothermodurans* – a *Bacillus* forming highly heat resistant spores. 3. Isolation and methods of detection. *Bulletin International Dairy Federation, 357*, 9–14.

- Herman, L.M., Vaerewijck, M.J., Moermans, R.J. & Waes, G.M. (1997). Identification and detection of *Bacillus sporothermodurans* spores in 1, 10 and 100 milliliters of raw milk by PCR. *Journal of Applied Microbiology, 63*, 3139–3143.

- Heyndrickx, M. & Scheldeman, P. (2002). Bacilli associated with spoilage in dairy and other food products. In Applications and Systematics of *Bacillus* and Relatives ed. Berkeley, R., Heyndrickx, M., Logan, N. and De Vos, P. pp. 64–82. Oxford: Blackwell Science.

- Hite, B.H. (1899). The effect of pressure in the preservation of milk. West Virginia University Agricultural Experiment Station Bulletin 85: 15. Morgantown. West Virginia. (Cited in Hoover, D.G., Metrick, C., Papineau, A.M., Farkas, D.F., and Knorr, D. 1989. Biological effects of high hydrostatic pressure on food microorganisms. *Food Technology, 43*, 99–107.

- Hoover, D.G. (1997). Minimally processed fruits and vegetables: reducing microbial load by non-thermal physical treatments. *Food Technology, 51*, 66–71.

- Hornstra, L.M., de Vries, Y.P., Wells-Bennik, M.H., de Vos, W.M. & Abee, T. (2006). Characterization of germination receptors of *Bacillus cereus* ATCC 14579. *Applied and Environmental Microbiology, 72*, 44–53.

- Hudson, K.D., Corfe, B.M., Kemp, E.H., Feavers, I.M., Coote, P.J. & Moir, A. (2001). Localization of GerAA and GerAC germination proteins in the *Bacillus subtilis* spore. *Journal of Bacteriology, 183*, 4317–4322.

- **Huemer, I.A., Klijn, N., Vogelsang, H.W.J. & Langeveld, L.P.M. (1998).** Thermal death kinetics of spores of *Bacillus sporothermodurans* isolated from UHT-Milk. *International Dairy Journal, 8,* 851–855.

- **Hurst, A. (1981).** Nisin. In D. Perlman, & A. I. Laskin (Eds.), Advances in Applied Microbiology (pp. 85–123). New York, NY, USA: Academic Press.

- **Hutton, M.T., Koskinen, M.A. & Hanlin, J.H. (1991).** Interacting effects of pH and NaCl on heat resistance of bacterial spores. *Journal of Food Science, 56,* 821–822.

- **Huo, Z., Yang, X., Raza, W., Huang, Q., Xu, Y. & Shen, Q. (2010).** Investigation of factors influencing spore germination of *Paenibacillus polymyxa* ACCC10252 and SQR-21. *Applied Microbiology and Biotechnology, 87,* 527–536.

- **Hyatt, M.T. & Levinson, H.S. (1961).** Interaction of heat, glucose, L-alanine, and potassium nitrate in spore germination of *Bacillus megaterium*. *Journal of Bacteriology, 81,* 204–211.

- **Hyatt, M.T. & Levinson, H.S. (1962).** Conditions affecting *Bacillus megaterium* spore germination in glucose or various nitrogenous compounds. *Journal of Bacteriology, 83,* 1231–1237.

- **Hyatt, M.T. & Levinson, H.S. (1964).** Effect of sugars and other carbon compounds on germination and post-germination development of *Bacillus megaterium* spores. *Journal of Bacteriology, 88,* 1403–1415.

- **Ireland, J.A. & Hanna, P.C. (2002).** Amino acid- and purine ribonucleoside- induced germination of *Bacillus anthracis* Ä Sterne endospores: *gerS* mediates responses to aromatic ring structures. *Journal of Bacteriology, 84,* 1296–1303.

- **Irie, R., Okamoto, T. & Fujita, Y. (1982).** A germination mutant of *Bacillus subtilis* deficient in response to glucose. *Journal of Genetic Applied Microbiology, 28,* 345–354.

- **Jones, C.A., Padula, N.L. & Setlow, P. (2005).** Effect of mechanical abrasion on the viability, disruption and germination of spores of *Bacillus subtilis*. *Journal of Applied Microbiology, 99,* 1484–94.

- **Ju, X.R., Gao, Y.L., Yao, M.L. & Qian, Y. (2008).** Response of *Bacillus cereus* spores to high hydrostatic pressure and moderate heat. *Food Science and Technology, 41,* 2104–2112.

- **Jung, D.S., Bodyfelt, F. W. & Daeschel, M.A. (1992).** Influence of fat and emulsifiers on the efficacy of nisin in inhibiting *Listeria monocytogenes* in fluid milk. *Journal of Dairy Science, 75,* 387–393.

- **Kalchayanand, N., Dunne, C.P., Sikes, A. & Ray, B. (2004).** Germination induction and inactivation of *Clostridium* spores at medium-range hydrostatic pressure treatment. *Innovative Food Science and Emerging Technologies, 5,* 277–283.

− **Kalchayanand, N., Sikes, A., Dunne, C.P. & Ray, B. (1998).** Interaction of hydrostatic pressure, time and temperature of pressurization and Pediocin AcH on inactivation of food borne bacteria. *Journal of Food Protection, 61,* 425–431.

− **Kalchayanand, N., Sikes, T., Dunne, C.P. & Ray, B. (1994).** Hydrostatic pressure and electroporation have increased bactericidal efficiency in combination with bacteriocins. *Applied and Environmental Microbiology, 60,* 4174–4177.

− **Kannapha, S., George, J.F., Dianne, W.B., Ankenman, L.G., Joseph, E., Robert, W., David, P. & Robert, W. (2008).** Pressure-induced germination and inactivation of *Bacillus cereus* spores and their survival in fresh blue crab meat (*Callinectes sapidus*) during storage. *Journal of Aquatic Food Product Technology, 17,* 322–337.

− **Keynan, A. & Halvorson, H. O.** (1962). Calcium dipicolinic acid-induced germination of *Bacillus cereus* spores. *Journal of Bacteriology, 83,* 100–105.

− **Klijn, N., Herman, L., Langeveld, L., Vaerewijck, M., Wagendorp, A., Huemer, I. & Weerkamp, A. (1997).** Genotypical and phenotypical characterization of *Bacillus sporothermodurans* strains, surviving UHT sterilization. *International Dairy Journal, 7,* 421–428.

− **Knorr, D. (1999).** Novel approaches in food-processing technology: new technologies for preserving foods and modifying function. *Current Opinion in Biotechnology, 10,* 485–491.

− **Knott, A.G., Russell, A.D. & Dancer, B.N. (1995).** Development of resistance to biocides during sporulation of *Bacillus subtilis*. *Journal of Applied Microbiology, 79,* 492–498.

− **Larpent, J-P. & Larpent –Gourgaud, M. (1985).** Eléments de microbiologie. pp 35– 39, pp 247–250. Ed, Herman, Paris.

− **Lee, J.I., Lee, H.J. & Lee, M.H. (2002).** Synergistic effect of nisin and heat treatment on the Growth of *Escherichia coli* O157: H7. *Journal of Food Protection, 65,* 408–410.

− **Léon, L. M. & Michel, V. (1989).** Bactériologie médicale. 2eme Edition.

− **Liewen, M.B. & Marth, E.H. (1984).** Inhibition of *Penicillia* and *Aspergilli* by potassium sorbate. *Journal of Food Protection, 47,* 554–556.

− **Lopez, M., Gonzalez, I., Condon, S. & Bernardo, A. (1996).** Effect of pH heating medium on the thermal resistance of *Bacillus stearothermophilus* spores. *International Journal of Food Microbiology, 28,* 405–410.

− **Lopez-Pedemonte, T.J., Roig-Sagues, A.X., Trujillo, A.J., Capellas, M. & Guamis, B. (2003).** Inactivation of spores of *Bacillus cereus* in cheese by high hydrostatic pressure with the addition of nisin of lysozyme. *Journal of Dairy Science, 86,* 3075–3081.

- **Loshon, C.A., Melly, E., Setlow, B. & Setlow, P. (2001).** Analysis of the killing of spores of *Bacillus subtilis* by a new disinfectant, Sterilox. *Journal of Applied Microbiology, 91,* 1051–1058.

- **Ludwig, H. (2002).** Cell biology and high pressure: applications and risks. *Dans: Frontiers in High Pressure Biochemistry and Biophysics.* Ed. by Cl. Balny, P. Masson and K. Heremans. *BBA Special Issue.* 390–391.

- **Lueck, E. (1990).** Food Applications of sorbic acid and its salts. *Food Additives and Contaminants, 7,* 711–715.

- **Lueck, E. & Jager, M. (1995).** Antimicrobial Food Additives, Characteristics, Uses, Effects. Berlin: Springer.

- **Lullien-Pellerin, V. & Balny, C. (2002).** High-pressure as a tool to study some proteins' properties: conformational modification, activity and oligomeric dissociation. *Innovative Food Science and Emerging Technologies, 3,* 209–221.

- **Lukasova, J., Vyhna´lkova, J. & Pacova, Z.** (2001). *Bacillus* species in raw milk and in the farm environment. *Milchwissenschaft, 56,* 609–611.

- **Mafart, P. (1991).** Génie industriel alimentaire : les procèdes physiques de conservation, pp 85-126, Ed. Tec et Doc Lavoisier, Paris.

- **Mah, J.H., Kang, D.H. & Tang, J. (2008).** Effects of minerals on sporulation and heat resistance of *Clostridium sporogenes*. *International Journal of Food Microbiology, 128,* 385–389.

- **Mansour, M. & Milliere, J.B. (2001).** An inhibitory synergistic effect of a nisin-monolaurin combination on *Bacillus sp.* vegetative cells in milk. *Food Microbiology, 18,* 87–94.

- **Mansour, M., Amri, D., Bouttefroy, A., Linder, M. & Milliere, J.B. (1999).** Inhibition of *Bacillus licheniformis* spore growth in milk by nisin, monolaurin, and pH combinations. *Journal of Applied Microbiology, 86,* 311–324.

- **Mansour, M., Linder, M., Millière, J.B. & Lefebvre, G. (1998).** Combined effects of nisin, lactic acid and potassium sorbate on *Bacillus licheniformis* spores in milk. *Lait, 7,* 117–128.

- **Margosch, D., Ehrmann, M. A., Buckow, R., Heinz, V., Vogel, R.F. & Ganzle, M.G. (2006).** High-pressure-mediated survival of *Clostridium botulinum* and *Bacillus amyloliquefaciens* endospores at high temperature. *Applied and Environmental Microbiology, 72,* 3476–3481.

- **Margosch, D., Ganzle, M.G., Ehrmann, M.A. & Vogel, R.F. (2004).** Pressure inactivation of *Bacillus* endospores. *Applied and Environmental Microbiology, 70,* 7321–7328.

- Masschalck, B., Van Houdt, R. & Michiels, Ch. (2001). High pressure increases bactericidal activity and spectrum of lactoferrrin, lactoferricin and nisin. *International Journal of Food Microbiology*, 64, 325–332.

- Mathys, A., Chapman, B., Bull, M., Heinz, V. & Knorr, D. (2007). Flow cytometric assessment of *Bacillus* spore response to high pressure and heat. *Innovative Food Science and Emerging Technologies*, 8, 519–527.

- Mazzotta, A.S., Crandall, A.D. & Montville, T.J. (1997). Nisin resistance in *Clostridium botulinum* spores and vegetative cells. *Applied and Environmental Microbiology*, 63, 2654–2659.

- McCann, K.P., Robinson, C., Sammons, R.L., Smith, D.A. & Corfe, B.M. (1996). Alanine germination receptors of *Bacillus subtilis*. *Letters in Applied Microbiology*, 23, 290–294.

- McDonnell, G. & Russell, A.D. (1999). Antiseptics and disinfectants: activity, action and resistance. *Clinical Microbiology Reviews*, 12, 147–179.

- Meghrous, J., Lacroix, C. & Simard. R.E. (1999). The effects on vegetative cells and spores of three bacteriocins from lactic acid bacteria. *Food Microbiology*, 16, 105–114.

- Millette, M., Smoragiewicz, W. & Lacroix, M. (2004). Antimicrobial potential of immobilized *Lactococcus lactis subsp. lactis* ATCC 11454 against selected bacteria. *Journal of Food Protection*, 67, 1184–1189.

- Mills, G., Earnshaw, R. & Patterson, M.F. (1998). Effects of high hydrostatic pressure on *Clostridium sporogenes* spores. *Letters in Applied Microbiology*, 26, 227–230.

- Minh, H.N.T. (2009).Thèse de doctorat : Compréhension des mécanismes de résistance des spores bactériennes à la chaleur et à la pression, pp. 224. Dijon: Université deBourgogne.

- Minh, H.N.T., Dantigny, P., Perrier-Cornet, J.M. & Gervais, P. (2010). Germination and inactivation of *Bacillus subtilis* spores induced by moderate hydrostatic pressure. *Biotechnology and Bioengineering*, 107, 876-883.

- Minh, H.N.T., Durand, A., Loison, P., Perrier-Cornet, J.M. & Gervais, P. (2011). Effect of sporulation conditions on the resistance of *Bacillus subtilis* spores to heat and high pressure. *Applied Microbiology and Biotechnology*, 90, 1409-1417.

- Moerman, F., Mertens, B., Demey, L. & Huyghebaert, A. (2001). Reduction of *Bacillus subtilis, Bacillus stearothermophilus* and *Streptococcus faecalis* in meat batters by temperature-high hydrostatic pressure pasteurization. *Meat Science*, 59, 115–125.

- Moir, A. & Smith, D.A. (1990). The genetics of bacterial spore germination. *Annual Review of Microbiology*, 44, 531–553.

- **Moll, G.N., Clark, J., Chan, W.C., Bycroft, B.W., Roberts, G.C.K. & Konings, W.N., (1997).** Role of transmembrane pH gradient and membrane binding in nisin pore formation. *Journal of Bacteriology, 179,* 135-140.

- **Moll, M. & Moll, N. (1998).** Additifs alimentaires et auxilliaires technologiques. Ed. Dunod, Paris.

- **Montanari, G, Borsari, A., Chiavari, C., Ferri, G., Zambonelli, C. & L. Grazia. (2004).** Morphological and phonotypical characterisation of *Bacillus sporothermodurans*. *Journal of Applied Microbiology, 97,* 802-809.

- **Moon, M.J. & Oh, S. (2001).** Effect of pH on germination and inactivation of *Bacillus cereus* by high hydrostatic pressure. *Food Science and Biotechnology, 10,* 658-662.

- **Morgan, S.M., Ross, R.P., Beresford, T. & Hill, C. (2000).** Combination of hydrostatic pressure and lacticin 3147 causes increased killing of *Staphylococcus* and *Listeria*. *Journal of Applied Microbiology, 88,* 414-420.

- **Morris, S.L., Walsh, R.C. & Hansen, J.N. (1984).** Identification and characterization of some bacterial membrane sulfhydryl groups which are targets of bacteriostatic and antibiotic action. *Journal of Biological Chemistry, 259,* 13590-13594.

- **Nakashio, S. & Gerhardt, P. (1985).** Protoplast dehydration correlated with heat resistance of bacterial spores. *Journal of Bacteriology, 162,* 571-578.

- **Nakayama, A., Yano, Y., Kobayashi, S., Ishikawa, M. & Sakai, K. (1996).** Comparison of pressure resistances of spores of six *Bacillus* strains with their heat resistances. *Applied and Environmental Microbiology, 62,* 3897-3900.

- **Newsome, R. (2003).** Dormant Microbes: Research Needs. *Food Technology, 57,* 38-42.

- **Nicholson, W.L., Munakata, N., Horneck, G., Melosh, H.J. & Setlow, P. (2000).** Resistance of *Bacillus* endospores to extreme terrestrial and extraterrestrial environments. *Microbiology and Molecular Biology Reviewers, 64,* 548-572.

- **Oh, S. & Moon, M. (2003).** Inactivation of *Bacillus cereus* spores by high hydrostatic pressure at different temperatures. *Journal of Food Protection, 66,* 599-603.

- **Olivier, G, Scheldeman, P., Joey, M., Herman, L., Joosten, H. & Heyndrick, M. (2002).** Genetic heterogeneity in *Bacillus sporothermodurans* as demonstrated by ribotyping and repetitive extragenic palindromic-PCR fingerprinting. *Applied and Environmental Microbiology, 68,* 4216-4224.

- **Opstal, I.V., Bagamboula, C.F., Vanmuysen, S.C., Wuytack, E.Y. & Michiels, C.W. (2004).** Inactivation of *Bacillus cereus* spores in milk by mild pressure and heat treatments. *International Journal of Food Microbiology, 92,* 227-234.

- **Oxen, P. & Knorr, D. (1993).** Baroprotective effects of high solute concentrations against inactivation of *Rhodotorula rubra*. *LWT - Food Science and Technology, 26,* 220-223.

- Pacheco-Sanchez, C. P. & de Massaguer, R. P. (2007). *Bacillus cereus* in Brazilian Ultra High Temperature milk. *Scientica Agricola, 2*, 152–161.

- Parker, G. F., Daniel, R.A. & Errington, J. (1996). Timing and genetic regulation of commitment to sporulation in *Bacillus subtilis*. *Microbiology, 142*, 3445-3452.

- Paidhungat, M. & Setlow, P. (2000). Role of Ger proteins in nutrients and non-nutrient triggering of spore germination in *Bacillus subtilis*. *Journal of Bacteriology, 182*, 2513–2519.

- Paidhungat, M., Ragkousi, K. & Setlow, P. (2001). Genetic requirements for induction of germination of spores of *Bacillus subtilis* by Ca^{2+}-dipicolinate. *Journal of Bacteriology, 183*, 4886–4893.

- Paidhungat, M., Setlow, B., Daniels, W.B., Hoover, D., Papafragkou, E. & Setlow, P. (2002). Mechanisms of induction of germination of *Bacillus subtilis* spores by high pressure. *Applied and Environmental Microbiology, 68*, 3172–3175.

- Palou, E., Lopez-Malo, A., Barbosa-Canovas, G.V., Welti-Chames, J. & Swanson, B.G. (1997). Combined effect of high hydrostatic pressure and water activity on *Zygosaccharomyces balii* inhibition. *Letters in Applied Microbiology, 24*, 417–420.

- Paredes-Sabja, D., Antonio Torres, J., Setlow, P. & Sarker, M.R. (2008). *Clostridium perfringens* Spore Germination: Characterization of Germinants and Their Receptors. *Journal of Bacteriology, 190*, 1190–1201.

- Patazca, E., Koutchma, T. & Ramaswamy, H.S. (2006). Inactivation kinetics of *Geobacillus stearothermophilus* spores in water using high-pressure processing at elevated temperatures. *Journal of Food Science, 71*, M110–M116.

- Patterson, M.F. (2005). Microbiology of pressure-treated foods. *Journal of Applied Microbiology, 98*, 1400–1409.

- Patterson, M.F., Quinn, M., Simpson, R. & Gilmour, A. (1995). Sensitivity of vegetative pathogens to high hydrostatic pressure treatment in phosphate-buffered saline and foods. *Journal of Food Protection, 58*, 524–529.

- Penna, T.C.V. & Moraes, D.A. (2002). The influence of nisin on the thermal resistance of *Bacillus cereus*. *Journal of Food Protection, 65*, 415–418.

- Pettersson, B., Lembke, F., Hammer, P., Stackebrand, E. & Fergus, G. (1996). *Bacillus sporothermodurans* a new species producing highly heat resistant endospores. *International Journal of Systematic Bacteriology, 46*, 759–764.

- Phillips, J.D. & Griffiths, M.W. (1986). Factors contributing to the seasonal variation of *Bacillus spp.* in pasteurized dairy products. *Journal of Applied Bacteriology, 61*, 275–285.

- Piggot, P. J. & Hilbert, D. W. (2004). Sporulation of *Bacillus subtilis*. *Current Opinion in Microbiology, 7*, 579–586.

- Polydera, A.C., Stoforos, N.G. & Taoukis, P.S. (2003). Comparative shelf life study and vitamin C loss kinetics in pasteurised and high pressure processed reconstituted orange juice. *Journal of Food Engineering, 60*, 21–29.

- Prescott, H.K. (1995). Microbiologie. Traduite de l'anglais par Claire Michelle, Bacqcalberg, Jacques coyette.

- Racine, F.M., Dills, S.S. & Vary, J.C. (1979). Glucose-triggered germination of *Bacillus megaterium* spores. *Journal of Bacteriology, 138*, 442–445.

- Rao, K.V.S.S. & Mathur, B.N. (1996). Thermal death kinetics of *Bacillus stearothermophilus* spores in a nisin supplemented acidified concentrated buffalo milk system. *Milchwissenschaft, 51*, 186–191.

- Raso, J. & Barbosa-Canovas, G.V. (2003). Non-thermal preservation of foods using combined processing techniques. *Critical Review in Food Science and Nutrition, 43*, 265–285.

- Raso, J., Barbosa-Canovas, G. & Swanson, B.G. (1998a). Sporulation temperature affects initiation of germination and inactivation by high hydrostatic pressure of *Bacillus cereus*. *Journal of Applied Microbiology, 85*, 17–24.

- Raso, J., Gongora-Nieto, M.M., Barbosa-Canovas, G.V. & Swanson, B.G. (1998b). Influence of several environmental factors on the initiation of germination and inactivation of *Bacillus cereus* by high hydrostatic pressure. *International Journal of Food Microbiology, 44*, 125–132.

- Raso, J., Palop, A., Bayarte, M., Condon, S. & Sala, F.J. (1995). Influence of sporulation temperature on the heat resistance of a strain of *Bacillus licheniformis* (Spanish TypeCulture Collection 4523). *Food Microbiology, 12*, 357–361.

- Ray, B. (2001). Bacteriocins, mild heat and high pressure for preserving low acid meat products. *IFT Annual Meeting Book of Abstracts, 2001*, Session 6–7.

- Reddy, N. R., Solomon, H. M., Tezloff, R.C. & Rhodehamel, E.J. (2003). Inactivation of *Clostridium botulinum* type A spores by high pressure processing at elevated temperatures. *Journal of Food Protection, 66*, 1402–1407.

- Reddy, N. R., Tetzloff, R. C., Solomon, H. M. & Larkin, J. W. (2006). Inactivation of *Clostridium botulinum* non proteolytic type B spores by high pressure processing at moderate to elevated high temperatures. *Innovative Food Science and Emerging Technologies, 7*, 169–175.

- Riesenman, P.J. & Nicholson, W.L. (2000). Role of the spore coat layers in *Bacillus subtilis* resistance to hydrogen peroxide, artificial UV-C, UV-B, and solar radiation. *Applied and Environmental Microbiology, 66*, 620–626.

- Roberts, C.M. & Hoover, D.G. (1991). Sensitivity of *Bacillus coagulans* spores to combinations of high hydrostatic pressure, heat, acidity and nisin. *Journal of Applied Microbiology, 4,* 363–368.

- Rocken, W. & Spicher, G. (1993). Fadenziehende Bakterien-Vorkommen, Bedeutung Gegenmaßnahmen. *Getreide Mehl Brot, 47,* 30–35.

- Rode, L.J. & Foster, J.W. (1960). Mechanical germination of bacterial spores. *Proceedings of the National Academy of Sciences U S A, 46,* 118–28.

- Rode, L. J. & Foster, J.W. (1961). Germination of bacterial spores with alkyl primary amines. *Journal of Bacteriology, 81,* 768–79.

- Rode, L.J. & Foster, J.W. (1962). Ionic germination of spores of *Bacillus megaterium* QM B 1551. *Archives of Microbiology, 43,* 183–200.

- Rombaut, R., Dewettinck, K., de Mangelaere, G. & Huyghebaert, A. (2002). Inactivation of heat resistant spores in bovine milk and lactulose formation. *Milchwissenschaft, 57,* 432–436.

- Rossignol, D.P. & Vary, J.C. (1979). Biochemistry of L-proline-triggered germination of *Bacillus megaterium* spores. *Journal of Bacteriology, 138,* 431–441.

- Russell, A.D. (1990). Bacterial spores and chemical sporicidal agents. *Clinical Microbiology Reviews, 3,* 99-119.

- Sahl, H.-G., Jack, R.W. & Bierbaum, G. (1995). Biosynthesis and biological activities of lantibiotics with unique post-translational modifications. *European Journal of Biochemistry, 230,* 827–853.

- San Martin, M.F., Barbosa-Canovas, G.V. & Swanson, B.G. (2002). Food processing by high hydrostatic pressure. *Critical Reviews in Food Science and Nutrition, 42,* 627–645.

- Sancho, F., Lambert, Y., Demazeau, G., Largeteau, A., Bouvier J.M. & Narbonne J.F. (1999). Effect of ultra-high hydrostatic pressure on hydrosoluble vitamins. *Journal of Food Engineering, 39,* 247–253.

- Santos, M. S., Kalasic, H., Goti, A. & Enguidanos, M. (1992). The effect of pH on the thermal resistance of *Clostridium sporogenes* (PA 3679) in asparagus puree acidified with citric acid and glucono-delta-lactone. *International Journal of Food Microbiology, 16,* 275–281.

- Sarker, M.R., Shivers, R.P., Sparks, S.G., Juneja, V.K. & McClane, B.A. (2002). Comparative experiments to examine the effects of heating on vegetative cells and spores of *Clostridium perfringens* isolate carrying plasmid genes versus chromosomal enterotoxin genes. *Journal of Applied Microbiology, 66,* 3234–3240.

- Scheldeman, P., Goossens, K., Rodrıguez-Dıaz, M., Pil, A., Goris, J., Herman, L., De Vos, P., Logan, N.A. & Heyndrickx, M. (2004). *Paenibacillus lactis sp*. nov., isolated from raw and heat-treated milk. *International Journal of Systematic and Evolutionary Microbiology, 54,* 885–891.

- Scheldeman, P., Herman, L., Foster, S. & Heyndrickx. M. (2006). *Bacillus sporothermodurans* and other highly heat-resistant spore formers in milk. *Journal of Applied Microbiology, 101,* 542–555.

- Scheldeman, P., Herman, L., Goris, J., De Voe, P. & Hendrickx, M. (2002). Polymerase chain reaction identification of *Bacillus sporothermodurans* from dairy source. *Journal of Applied Microbiology, 92,* 983–991.

- Scheldeman, P., Pil, A., Herman, L., De Vos, P. & Heyndrickx, M. (2005). Incidence and diversity of potentially highly heat-resistant spores isolated at dairy farms. *Applied and Environmental Microbiology, 71,* 1480–1494.

- Setlow, B., Cowan, A.E. & Setlow, P. (2003). Germination of spores of *Bacillus subtilis* with dodecylamine. *Journal of Applied Microbiology, 95,* 637–648.

- Setlow, B., Loshon, C.A., Genest, P.C., Cowan, A.E., Setlow, C. & Setlow, P. (2002). Mechanisms of killing of spores of *Bacillus subtilis* by acid, alkali and ethanol. *Journal of Applied Microbiology, 92,* 362–375.

- Setlow, P. (1983). Germination and outgrowth. In The Bacterial Spore, Vol. II ed. Hurst, A. and Gould, G.W. pp. 211–254. London: Academic Press.

- Setlow, P. (1994). Mechanisms which contribute to the longterm survival of spores of Bacillus species. *Journal of Applied Bacteriology, 76,* 49S–60S.

- Setlow, P. (2000). Resistance of bacterial spores. In Bacterial Stress Responses ed. Storz, G. and Hengge-Aronis, R. pp 217–230.Washington, DC: American Society for Microbiology.

- Setlow, P. (2003). Spore germination. *Current Opinion in Microbiology, 6,* 550–556.

- Setlow, P. (2007). I will survive: DNA protection in bacterial spores. *Trends in Microbiology, 15,* 172-180.

- Setlow, P. & Johnson, E.A. (2007). Spores and their significance. In *Food Microbiology : Fundamentals and Frontiers*, pp 30-68. Edited by M. P. Doyle, L. R. Beuchat and T. J. Montville. Washington D.C.:ASM Press.

- Seward, R.A., Deibel, R.H. & Lindsay, R. (1982). Effects of potassium sorbate and other antibotulinal agents on germination and out- growth of *Clostridium botulinum* type E spores in microcultures, *Applied and Environmental Microbiology, 42,* 1212–1221.

– **Shearer, A.E.H., Dunne, C.P., Sikes, A. & Hoover, D.G. (2000).** Bacterial spore inhibition and inactivation in foods by pressure, chemical preservatives, and mild heat. *Journal of Food Protection, 63*, 1503–1510.

– **Shigeta, Y., Aoyama, Y., Okazaki, T., Hagura, Y. & Suzuki, K. (2007).** Hydrostatic pressure-induced germination and inactivation of *Bacillus* spores in the presence or absence of nutrients. *Food Sciences and Technology Research, 13*, 193–199.

– **Simpson, R. K. & Gilmour, A. (1997).** The effects of high hydrostatic pressure on *Listeria monocytogenes* in phosphate buffered saline and model food systems. *Journal of Applied Microbiology, 83*, 181–188.

– **Smelt, J., Silva, M.S.D. & Hass, H. (1976).** The combined influence of pH and water activity on the heat resistance of *Clostridium botulinum* type A and B. In : Barker, w. (Ed.), Spore research. Vol. 2. Academic press London New-York, San-Fransisco, pp 469–476.

– **Smelt, J.P.P.M. (1998).** Recent advances in the microbiology of high pressure processing. *Trends in Food Science and Technology, 9*, 152–158.

– **Smoot, L.A. & Pierson, M.D. (1981).** Mechanisms of sorbate inhibition of *Bacillus cereus T* and *Clostridiium botiulinuin* 62A spore germination. *Applied and Environmental Microbiology* 42, 477–483.

– **Sobrino-Lopez, A. & Martin-Belloso, O. (2008).** Use of nisin and other bacteriocins for preservation of dairy products. *International Dairy Journal, 18*, 329–343.

– **Sofos, J.N. & Busta, F.F. (1993).** Sorbic acid and sorbates. In: Davidson P. M., Branen A.L. (Eds.). Antimicrobials in foods, New York.

– **Stadhouders, J. & spoelstra, S.F. (1989).** Prevention of the contamination of raw milk by making good silage. *International Dairy Journal, 7*, 201–205.

– **Steeg ter, P.F., Hellemons, J.C. & Kok, A.E. (1999).** Synergistic actions of nisin, sublethal ultrahigh pressure and reduced temperature on bacteria and yeast. *Applied and Environmental Microbiology, 65*, 4148–4154.

– **Stewart, C.M., Dunne, C.P., Sikes, A. & Hoover, D.G. (2000.)** Sensitivity of spores of *Bacillus subtilis* and *Clostridium sporogenes* PA3679 to combinations of high hydrostatic pressure and other processing parameters. *Innovative Food Science and Emerging Technologie, 1*, 49–56.

– **Stragier, P. & Losick, R. (1996).** Molecular genetics of sporulation in *Bacillus subtilis*. *Annual Review in Genetics, 30*, 297–341.

– **Sugiyama K.A. (1951).** Studies on factors affecting the heat resistance of spore *Clostrodium botulinum*. *Journal of Bacteriology, 62*, 81–96.

- Sutherland, A.D. & Murdoch, R. (1994). Seasonal occurrence of psychrotrophic *Bacillus* species in raw milk, and studies on the interactions with mesophilic *Bacillus sp.* *International Journal of Food Microbiology, 21,* 279–292.

- Tabit, F. & Buys, E.M. (2010). The effects of wet heat treatment on the structural and chemical components of *Bacillus sporothermodurans* spores. *International Journal of Food Microbiology, 140,* 207–213.

- Takeshi, K., Ando, Y. & Oguma, K. (1988). Germination of spores of *Clostridium botulinum* type G. *Journal of Food Protection, 51,* 37–38.

- Taki, Y., Awao, T., Toba, S. & Mitsuura, N. (1991). Sterilization of *Bacillus sp.* spores by hydrostatic pressure. In R. Hayashi. *High pressure science for food*, pp 217–24). San-EiPub. Co., Kyoto.

- te Giffel, M.C., Wagendorp, A., Herrewegh, A. & Driehuis, F. (2002). Bacterial spores in silage and raw milk. *Antonie Van Leeuwenhoek, 81,* 625–630.

- Tennen, R., Setlow, B., Davis, K.L., Loshon, C.A. & Setlow, P. (2000). Mechanisms of killing of spores of *Bacillus subtilis* by iodine, glutaraldehyde and nitrous acid. *Journal of Applied Microbiology, 89,* 330–338.

- Timson, W.J. & Short, A.J. (1965). Resistance of micro-organisms to hydrostatic pressure. *Biotechnology and Bioengineering, 7,* 139–159.

- Torres, J.A. & Velazquez, G. (2005). Commercial opportunities and research challenges in the high pressure processing of foods. *Journal of Food Engineering, 67,* 95–112.

- Vaerewijck, M.J.M., DeVos, P., Lebbe, L., Scheldeman, P., Hoste, B. & Heyndrickx, M. (2001). Occurrence of *Bacillus sporothermodurans* and other aerobic spore-forming species in feed concentrate for dairy cattle. *Journal of Applied Microbiology, 91,* 1074–1084.

- Waes, G. (1976) Aerobic mesophilic spores in raw milk. *Milchwissenschaft, 31,* 521–525.

- Wandling, L.R., Sheldon, B.W. & Foegeding, P.M. (1999). Nisin in milk sensitizes *Bacillus* spores to heat and prevents recovery of survivors. *Journal of Food Protection, 62,* 492–498.

- Wang, L.L. & Johnson, E.A. (1997). Control of *Listeria monocytogenes* by monoglycerides in foods. *Journal of Food Protection, 60,* 131–138.

- Wax, R, & Freese, E. (1968). Initiation of the germination of *Bacillus subtilis* spores by a combination of compounds in place of L-alanine. *Journal of Bacteriology, 95,* 433–438.

- White, C.H., Chang, R.R., Martin, J.H. & Loewznstein, M. (1974). Factors affecting L-alanine induced germination of *Bacillus* Spores. *Journal of Dairy Science, 57,* 1309–1314.

- Winker, S. & Woese, C.R. (1991). A definition of the domains *Archaea, Bacteria* and *Eucarya* in terms of small subunit ribosomal rRNA characteristics. *Systematic and Applied Microbiology, 13,* 161–165.

- Wirjantoro, T.I. & Lewis, M.J. (1996). Effect of nisin and high temperature pasteurization on shelf life of whole milk. *Journal of the Society of Dairy Technology, 49,* 99–102.

- Wirjantoro, T.I., Lewis, M.J., Grandison, A.S., Williams, G.C. & Delves-Broughton, J. (2001). The effect of nisin on the keeping quality of reduced heat-treated milks. *Journal of Food Protection, 64,* 213–219.

- Wolgamott, G.D. & Durham, N.N. (1971). Initiation of spore germination in *Bacillus cereus*: a proposed allosteric receptor. *Canadian Journal of Microbiology, 17,* 1043–8.

- Wuytack, E.Y., Boven, S. & Michiels, C.W. (1998). Comparative study of pressure-induced germination of *Bacillus subtilis* spores at low and high pressures. *Applied and Environmental Microbiology, 64,* 3220–3224.

- Wuytack, E.Y., Soons, J., Poschet, F. & Michiels, C.W. (2000). Comparative study of pressure- and nutrient-induced germination of *Bacillus subtilis* spores. *Applied and Environmental Microbiology, 66,* 257–261.

- Xezones, H. & Hutching, I. (1965). Thermal resistance of *Clostridium botulinum* (62A) spores as affected by fundamental food constituents. *Food Technology, 19,* 113–115.

- Yasuda, Y. & Tochikubo, K. (1984). Relation between D-glucose and L- and D-alanine in the initiation of germination of *Bacillus subtilis* spore. *Microbiology and Immunology, 28,* 197–207.

- Zhang, Y.C., Ronimus, R.S., Turner, N., Zhang, Y. & Morgan, H.W. (2002). Enumeration of thermophililc *Bacillus* species in composts and identification with a random amplification polymorphic DNA (RAPD) protocol. *Systematic and Applied Microbiology, 25,* 618–626.

- Zipp, A. & Kauzmann, W. (1973). Pressure denaturation of metmyoglobin. Biochemistry, *Zygosaccharomyces balii* inhibition. *Letters in Applied Microbiology, 24,* 417–420.

I want morebooks!

Buy your books fast and straightforward online - at one of the world's fastest growing online book stores! Environmentally sound due to Print-on-Demand technologies.

Buy your books online at
www.get-morebooks.com

Achetez vos livres en ligne, vite et bien, sur l'une des librairies en ligne les plus performantes au monde!
En protégeant nos ressources et notre environnement grâce à l'impression à la demande.

La librairie en ligne pour acheter plus vite
www.morebooks.fr

OmniScriptum Marketing DEU GmbH
Heinrich-Böcking-Str. 6-8
D - 66121 Saarbrücken
Telefax: +49 681 93 81 567-9

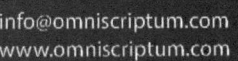

info@omniscriptum.com
www.omniscriptum.com

Printed by Books on Demand GmbH, Norderstedt / Germany